粤 知 丛 书

广东省
重点产业专利导航集：
产业篇

广东省知识产权保护中心　组织编写

知识产权出版社
全国百佳图书出版单位
—北京—

图书在版编目（CIP）数据

广东省重点产业专利导航集.产业篇/广东省知识产权保护中心组织编写.—北京：知识产权出版社，2024.5

ISBN 978-7-5130-9057-5

Ⅰ.①广… Ⅱ.①广… Ⅲ.①专利—研究—广东 Ⅳ.①G306.72

中国国家版本馆CIP数据核字（2023）第254234号

内容提要

本书聚焦广东省重点产业技术发展情况和专利现状，结合区域发展情况和企业发展特点，对广东省重点产业的专利情况进行分析，以明晰广东省重点产业技术及专利的优势和不足，发挥知识产权信息分析对产业运行决策及企业经营决策的引导作用，强化产业或企业竞争力的专利支撑，提升产业创新驱动发展能力，围绕广东省双十产业分别进行专利导航研究，涵盖各产业的技术发展情况、发明人图谱、结论建议等。

责任编辑：张利萍　　　　　　　　责任校对：谷　洋
封面设计：杨杨工作室·张　冀　　责任印制：刘译文

广东省重点产业专利导航集：产业篇
广东省知识产权保护中心　组织编写

出版发行：	知识产权出版社有限责任公司	网　　址：	http://www.ipph.cn
社　　址：	北京市海淀区气象路50号院	邮　　编：	100081
责编电话：	010-82000860转8387	责编邮箱：	65109211@qq.com
发行电话：	010-82000860转8101/8102	发行传真：	010-82000893/82005070/82000270
印　　刷：	北京九州迅驰传媒文化有限公司	经　　销：	新华书店、各大网上书店及相关专业书店
开　　本：	787mm×1092mm　1/16	印　　张：	15.75
版　　次：	2024年5月第1版	印　　次：	2024年5月第1次印刷
字　　数：	307千字	定　　价：	150.00元

ISBN 978-7-5130-9057-5

出版权专有　侵权必究

如有印装质量问题，本社负责调换。

"粤知丛书"编辑委员会

主　任：邱庄胜
副主任：刘建新
编　委：廖汉生　耿丹丹　吕天帅　陈宇萍　陈　蕾
　　　　魏庆华　岑　波　黄少晖　熊培新

本书作者

作　者：黎啦啦　孟祥宏　傅　菁　王在竹　曾庆婷
　　　　胡秋萍　张　帆　江　超　邓小龙　黄洁芳

丛书序言

我国正处在一个非常重要的历史交汇点上。我国已经实现全面小康，进入全面建设社会主义现代化国家的新发展阶段；我国已胜利完成"十三五"规划目标，正在系统擘画"十四五"甚至更长远的宏伟蓝图；改革开放40年后再出发，迈出新步伐；"两个一百年"奋斗目标在此时此刻接续推进；在世界发生百年未有之大变局背景下，如何把握中华民族伟大复兴战略全局，是摆在我们面前的历史性课题。

改革开放以来，伴随着经济的腾飞、科技的进步，广东省的知识产权事业蓬勃发展。特别是党的十八大以来，广东省深入学习贯彻习近平总书记关于知识产权的重要论述，认真贯彻落实党中央和国务院重大决策部署，深入实施知识产权战略，加快知识产权强省建设，有效发挥知识产权制度作用，为高质量发展提供有力支撑，为丰富"中国特色知识产权发展之路"的内涵提供广东省的实践探索。

2020年10月，习近平总书记在广东省考察时强调，"以更大魄力、在更高起点上推进改革开放"，"在全面建设社会主义现代化国家新征程中走在全国前列、创造新的辉煌"。2020年11月，习近平总书记在中共中央政治局第25次集体学习时发表重要讲话，强调"全面建设社会主义现代化国家，必须从国家战略高度和进入新发展阶段的要求出发，全面加强知识产权保护工作，促进建设现代化经济体系，激发全社会创新活力，推动构建新发展格局"。2021年9月，中共中央、国务院印发《知识产权强国建设纲要（2021—2035年）》，描绘出我国加快建设知识产权强国的宏伟蓝图。这是广东省知识产权事业发展的重要历史交汇点！

2018年10月，广东省委省政府批准成立广东省知识产权保护中心（以下简称保护中心）。自成立以来，面对新形势、新任务、新要求和新机遇，保护中心坚持以服务自主创新为主线，以强化知识产权协同保护和优化知识产权公共服务为重点，着力支撑创新主体掌握自主知识产权，着力支撑重点产业提升核心竞争力，着力支撑全社会营造良好营商环境，围绕建设高质量审查和布局通道、高标准协同保护和维权网络、高效率运营和转化平台、高水平信息和智力资源服务基础等重大任务，在打通创造、保护、运用、管理和服务全链条，构建专业化公共服务与市场化增值服务相结合的新机制，建设高端知识产权智库，打造国内领先、具有国际影响力的知识产权服务品牌，探索知识产权服务高质量发展新路径等方面大胆实践，力争为贯彻新发展理念、构建新发展格局、推动高质量发展提供有力保障。

保护中心致力于知识产权重大战略问题研究，鼓励支持本单位业务骨干特别是年轻的业务骨干，围绕党中央和国务院重大决策部署，紧密联系广东省知识产权发展实际，深入开展调查研究，认真编撰调研报告。保护中心组织力量将逐步对这些研究成果结集汇编，以"粤知丛书"综合性系列出版物形式公开出版，主要内容包括学术研究专著、海外著作编译、研究报告、学术教材、工具指南等，覆盖知识产权方面的政策法规、战略举措、创新动态、产业导航、行业观察等，旨在为产业界、科技界及时掌握知识产权理论和实践最新动态提供支持，为社会公众全面准确解读知识产权专业信息提供指南，并持之以恒地为全国知识产权事业改革发展贡献广东智慧和力量。

由于时间仓促，研究能力所限，书中难免存在疏漏和偏差，敬请各位专家和广大读者批评指正！

广东省知识产权保护中心
"粤知丛书"编辑部
2024年4月

本书前言

随着全球化的深入和知识经济的发展，知识产权已经成为各个国家和地区参与国际竞争的一大利器。而专利信息研究对产业发展具有深远的指导性意义。它不仅仅是研究技术进步的晴雨表，同时也是企业决策和产业政策制定的重要依据。从行业和政府的角度看，专利信息研究是评估国家或地区产业技术创新能力的重要工具。政府可以依据专利数据的分析结果，判断技术创新的活跃度，识别科技发展的热点领域和潜力领域，从而制定科技政策，优化产业结构，推动高质量发展。对企业而言，专利信息研究能提供关于技术发展的前瞻性知识。企业可以通过分析特定技术领域的专利申请和授权状况，洞察行业趋势和技术演进的轨迹。这对于确保企业研发的方向与市场需求保持同步，以及避免在技术瓶颈和法律风险上投入不必要的资源至关重要。此外，专利信息研究还能为产业转型升级提供支撑。当前，许多产业面临着从低端向中高端跃升的需求，通过专利布局的分析，政府和企业能够认清技术升级的路径，促进传统产业的升级和新兴产业的培养。

广东省作为我国经济大省之一，一直是中国经济发展的前沿阵地。其地区生产总值连续多年位居全国省份之首，是改革开放最早的试验区之一，拥有强大的制造业基地和活跃的外贸经济。2020年，《广东省人民政府关于培育发展战略性支柱产业集群和战略性新兴产业集群的意见》发布，要求瞄准国际先进水平落实"强核""立柱""强链""优化布局""品质""培土"六大工程，打好产业基础高级化和产业链现代化攻坚战，重点发展十大战略性支柱产业集群和十大战略性新兴产业集群，到2025年，培育若干具有全球竞争力的产业集群，打造产业高质量发展典范，并明确提出要积极推动集群企业开展高价值专利培育布局，强化知识产权保护与产业化应用。

广东省知识产权保护中心聚焦于广东省重点产业的技术发展情况和专利现状，结合区域发展情况和企业发展特点，对广东省市重点产业的专利信息进行研究。本套书分为产业篇、地域篇、技术篇三册。本书为产业篇，分别从产业总体专利概况、技术相关专利信息、上市企业情况多角度对相关产业进行研究，涉及新一代电子信息、智能家电、激光与增材制造、新能源、精密仪器设备、汽车、现代轻工纺织、智能机器人、安全应急与环保、先进材料、半导体与集成电路、前沿新材料、区块链与量子信息、生物医药与健康、数字创意、现代农业与食品16个产业集群。

通过对广东省重点产业进行研究，以明晰广东省重点产业技术及专利的优势和不足，发挥知识产权信息分析对产业运行决策及企业经营决策的引导作用，为广东省重点产业或企业的竞争力提供专利支撑，从而提升产业创新驱动发展能力。

本书编写组
2024年4月

CONTENTS 目录

新一代电子信息产业专利信息简报 // 001

第1章 新一代电子信息产业与新一代信息技术产业的区别 ……………… 003

第2章 新一代电子信息产业技术分支 ……………………………………… 004

第3章 新一代电子信息产业专利总体态势 ………………………………… 006

第4章 391计算机制造领域 ………………………………………………… 010

  4.1 专利申请趋势 / 010

  4.2 专利重要申请人 / 011

  4.3 中美日申请人专利布局倾向 / 011

  4.4 CN专利情况 / 012

第5章 397电子器件制造领域 ……………………………………………… 015

  5.1 专利申请趋势 / 015

  5.2 专利重要申请人 / 016

  5.3 中美日申请人专利布局倾向 / 016

  5.4 CN专利情况 / 017

第6章 总结与建议 …………………………………………………………… 020

家用空调产业专利信息简报 // 023

第1章 家用空调产业简介 …………………………………………………… 025

第2章 家用空调产业技术分支 ……………………………………………… 026

第3章 家用空调技术专利导航分析 ………………………………………… 027

  3.1 中国家用空调健康化技术专利导航分析 / 027

  3.2 中国家用空调智能化技术专利导航分析 / 030

  3.3 中国家用空调节能化技术专利导航分析 / 033

第4章 总结与建议 …………………………………………………………… 037

激光与增材制造产业专利信息简报 // 039

- 第 1 章　激光与增材制造产业简介 ··· 041
- 第 2 章　激光与增材制造产业的全球专利概况 ································· 042
- 第 3 章　激光与增材制造产业的全球专利重要申请人 ····················· 044
- 第 4 章　激光与增材制造产业的主要发明人 ····································· 046
- 第 5 章　激光与增材制造产业的全球专利诉讼统计 ························· 047
- 第 6 章　总结与建议 ··· 049

新能源汽车产业专利分析报告 // 051

- 第 1 章　新能源汽车产业简介 ··· 053
- 第 2 章　新能源汽车产业技术分支 ··· 054
- 第 3 章　新能源汽车产业专利分析策略 ··· 055
- 第 4 章　新能源汽车产业专利分析 ··· 056
  - 4.1　全球及中国专利现状 / 056
  - 4.2　广东省行业专利特点 / 058
  - 4.3　优势及机遇 / 059
  - 4.4　劣势及挑战 / 059
- 第 5 章　总结与建议 ··· 061

核磁共振成像产业专利信息简报 // 063

- 第 1 章　核磁共振成像产业简介 ··· 065
- 第 2 章　核磁共振技术分支 ··· 068
- 第 3 章　核磁共振产业专利总体态势 ··· 069
  - 3.1　MRI 产业总体申请趋势 / 069
  - 3.2　涉及大数据及人工智能的 MRI 申请 / 070
  - 3.3　MRI 产业申请人国家/地区 / 071
  - 3.4　MRI 全球申请人排名 / 072
  - 3.5　MRI 中国申请人排名 / 072
  - 3.6　MRI 中国专利各地区排行 / 073
- 第 4 章　总结与建议 ··· 074

目 录

从专利角度看智能汽车软件产业发展态势 // 075

第 1 章　专利申请整体概况 ·· 077
　　1.1　中国发明专利申请概况／077
　　1.2　广东发明专利申请概况／080

第 2 章　发展建议 ··· 082

化妆品制造行业专利信息简报 // 085

第 1 章　化妆品制造行业简介 ·· 087
第 2 章　化妆品制造行业技术分支 ·· 088
第 3 章　化妆品制造行业专利总体态势 ···································· 089
　　3.1　化妆品制造行业专利全球申请趋势／089
　　3.2　化妆品制造行业专利全球申请情况／090
　　3.3　化妆品制造行业专利全球申请人情况／091
　　3.4　化妆品制造行业专利全球技术构成情况／091

第 4 章　化妆品制造行业我国专利布局分析 ······························· 093
　　4.1　化妆品制造行业全国各地区专利申请分布情况／093
　　4.2　化妆品制造行业专利全国申请人情况／094
　　4.3　化妆品制造行业专利全国技术构成情况／094

第 5 章　化妆品制造行业广东省专利布局分析 ···························· 096
　　5.1　化妆品制造行业广东省各地市专利申请分布情况／096
　　5.2　化妆品制造行业专利广东省申请人情况／096
　　5.3　化妆品制造行业专利广东省技术构成情况／097

第 6 章　总结与建议 ·· 099

机器人产业专利分析报告 // 101

第 1 章　机器人产业发展概况 ·· 103
　　1.1　全球机器人产业概况／103
　　1.2　中国机器人产业概况／103

第 2 章　机器人相关技术专利分析 ··· 104
　　2.1　机器人产业专利总体分析／104
　　2.2　机器人专利全球概况／105
　　2.3　机器人产业专利全国概况／107

· iii ·

2.4　机器人专利广东省概况 / 109

第 3 章　下一步对策建议……………………………………………………… 111

水污染治理技术专利信息简报　// 113

第 1 章　节能环保产业及水污染治理技术简介…………………………… 115
　　1.1　节能环保产业技术进展 / 115
　　1.2　水污染治理技术进展 / 115
　　1.3　节能环保产业链结构分析 / 116

第 2 章　水污染治理技术专利申请情况…………………………………… 117
　　2.1　水污染治理技术专利全球申请趋势 / 117
　　2.2　水污染治理技术专利各国/地区申请情况 / 117
　　2.3　水污染治理技术专利全球重点申请人 / 118
　　2.4　水污染治理技术专利中国各地区排名 / 119
　　2.5　水污染治理技术专利广东省内分布情况 / 120

第 3 章　广东省内水污染治理技术专利技术分布情况…………………… 121
　　3.1　广东省内水污染治理技术专利技术构成情况 / 122
　　3.2　广东省内水污染治理技术各技术构成主要申请人及
　　　　核心专利 / 122

第 4 章　总结与建议………………………………………………………… 126
　　4.1　主要结论 / 126
　　4.2　建议 / 126

先进材料产业专利分析　// 129

第 1 章　先进材料产业概况………………………………………………… 131
　　1.1　先进材料产业分类 / 131
　　1.2　先进材料产业规模 / 132

第 2 章　国内外先进材料产业发展情况…………………………………… 134
　　2.1　国际先进材料产业发展政策 / 134
　　2.2　国内先进材料产业发展政策 / 134
　　2.3　国内先进材料产业发展现状 / 135

第 3 章　先进材料产业的知识产权概况…………………………………… 137
　　3.1　专利申请量逐渐增长 / 137

目录

    3.2　专利诉讼量逐渐减少 / 138

    3.3　技术巨头多为国外企业 / 138

    3.4　专利转让量趋于平稳 / 139

    3.5　PCT 专利申请量逐渐增多 / 140

第 4 章　发展建议 ……………………………………………………………… 141

集成电路产业专利信息简报　// 　143

第 1 章　概述 …………………………………………………………………… 145

    1.1　集成电路产业简介 / 145

    1.2　全球集成电路发展状况 / 145

    1.3　中国集成电路发展状况 / 146

    1.4　专利分析策略 / 147

第 2 章　集成电路产业全球专利分析 …………………………………………… 148

    2.1　申请趋势 / 148

    2.2　地域分布 / 149

    2.3　技术构成 / 151

    2.4　主要申请人 / 151

    2.5　小结 / 152

第 3 章　集成电路产业中国专利分析 …………………………………………… 153

    3.1　申请趋势 / 153

    3.2　地域分布 / 154

    3.3　技术构成 / 155

    3.4　主要申请人 / 156

    3.5　小结 / 157

第 4 章　总结与建议 …………………………………………………………… 158

第三代半导体材料产业专利信息简报　// 　159

第 1 章　第三代半导体材料发展简介 …………………………………………… 161

    1.1　第三代半导体材料简介 / 161

    1.2　SiC 和 GaN 产业链分析 / 162

第 2 章　第三代半导体材料技术分支 …………………………………………… 163

第 3 章　第三代半导体材料专利总体态势 ……………………………………… 164

3.1　全球专利申请态势分析 / 164

3.2　中国专利申请态势分析 / 166

3.3　中国大陆地区专利申请态势分析 / 167

第4章　总结与建议 ··· 169

区块链赋能中药溯源　//　171

第1章　中药溯源发展历程 ··· 173

第2章　区块链技术概况 ··· 174

2.1　区块链技术特征 / 174

2.2　区块链技术发展情况 / 174

第3章　区块链技术助力中药溯源发展 ··· 176

3.1　区块链技术学术研究 / 176

3.2　区块链技术在溯源中的应用 / 177

3.3　基于区块链技术搭建中药溯源模型 / 179

3.4　区块链技术在中药溯源应用中的挑战 / 180

第4章　关于区块链助力中药溯源的思考 ··· 181

4.1　技术创新与应用落地 / 181

4.2　规范标准与产权保护 / 181

4.3　交流合作与人才引进 / 182

4.4　政策支持与资金保障 / 183

4.5　政府监管与行业自律 / 183

第5章　总　结 ··· 184

生物医药与健康产业科创板上市企业分析及启示　//　187

第1章　科创板已上市企业整体情况 ··· 189

1.1　科创板已上市企业地区分布 / 189

1.2　科创板已上市企业行业分布 / 190

第2章　生物医药与健康产业科创板上市企业分析 ··· 191

2.1　生物医药与健康产业科创板已上市企业地区分布 / 191

2.2　生物医药与健康产业科创板已上市企业领域分布 / 192

2.3　生物医药与健康产业科创板已上市企业知识产权分析 / 192

第3章　生物医药与健康产业广东省科创板上市企业分析 ··· 194

  3.1 深圳微芯生物科技股份有限公司 / 194

  3.2 深圳普门科技股份有限公司 / 195

  3.3 广州洁特生物过滤股份有限公司 / 196

  3.4 百奥泰生物制药股份有限公司 / 196

  3.5 广州安必平医药科技股份有限公司 / 197

  3.6 深圳惠泰医疗器械股份有限公司 / 198

  3.7 深圳市亚辉龙生物科技股份有限公司 / 198

第4章 对广东省生物医药与健康产业发展的启示 …………………… 200

数字创意产业裸眼 3D 技术专利分析　//　203

第1章 裸眼 3D 技术及产业简介 ………………………………………… 205

第2章 裸眼 3D 技术专利总体态势 …………………………………… 207

  2.1 裸眼 3D 专利全球地域分析 / 207

  2.2 裸眼 3D 专利全球申请趋势分析 / 208

  2.3 裸眼 3D 各技术分支专利申请趋势分析 / 209

  2.4 裸眼 3D 专利全球技术集中度分析 / 210

  2.5 裸眼 3D 全球重要申请人技术布局分析 / 211

  2.6 裸眼 3D 全球专利不同来源地被引用分析 / 212

第3章 裸眼 3D 技术中国专利态势 …………………………………… 214

  3.1 裸眼 3D 中国主要申请人分析 / 214

  3.2 裸眼 3D 国内重要申请人技术布局分析 / 215

  3.3 裸眼 3D 排名前 6 位地区申请情况分析 / 215

  3.4 裸眼 3D 广东省重要申请人分析 / 216

  3.5 裸眼 3D 广东省重要地市申请情况分析 / 217

第4章 总结与建议 ………………………………………………………… 218

食品产业外观设计专利的现状及相关建议　//　221

第1章 食品外观设计专利保护背景 …………………………………… 223

第2章 食品外观设计专利申请现状分析 …………………………… 225

  2.1 食品外观设计专利申请趋势分析 / 225

  2.2 食品产业各领域外观设计专利申请分析 / 226

  2.3 食品外观设计专利申请主要申请人 / 227

    2.4　中国食品外观设计专利申请地域分析 / 228

    2.5　食品外观设计专利申请情况小结 / 229

第 3 章　食品产业的外观设计产品特点分析 …………………………………… 230

    3.1　食品产业主要产品现有设计的特点 / 230

    3.2　食品产业产品设计要素分析 / 232

第 4 章　总结与建议 ……………………………………………………………… 234

新一代电子信息产业专利信息简报

黎啦啦　赵　飞　孙　璁

广东省知识产权保护中心

新一代电子信息产业是广东省十大战略性支柱产业之一，本文通过分析专利数据获得新一代电子信息产业的技术发展趋势、区域布局倾向、重要创新主体等信息，为推进广东省新一代电子信息战略性支柱产业集群的发展提供参考。

第1章　新一代电子信息产业与新一代信息技术产业的区别

本部分讨论新一代电子信息产业，因该产业名称容易与新一代信息技术产业混淆，故做以下阐述，明晰两者区别。

新一代电子信息产业，根据《广东省发展新一代电子信息战略性支柱产业集群行动计划（2021—2025年）》，结合《国民经济行业分类》和《国际专利分类与国民经济行业分类参照关系表（2018）》，能够明确新一代电子信息产业包含：计算机制造、通信设备制造、广播电视设备制造、雷达及配套设备制造、非专业视听设备制造、智能消费设备制造、电子器件制造、电子元件及电子专用材料制造、其他电子元件制造，涵盖了《国民经济行业分类》制造业中的9项中类和36项小类。

新一代信息技术产业，根据《"十三五"国家战略性新兴产业发展规划》（以下简称《发展规划》），该产业是我国七大战略性新兴产业之一，为适应该《发展规划》，国家知识产权局制定了《战略性新兴产业分类与国际专利分类参照关系表（2021）（试行）》，能够明确新一代信息技术产业包含：下一代信息网络产业、电子核心产业、新兴软件和新型信息技术服务、互联网与云计算及大数据服务、人工智能。

对比新一代电子信息产业与新一代信息技术产业专利涉及的IPC号（国际专利分类号），两者有相当一部分的重合，也存在较多的差异。在北京合享智慧科技有限公司开发的数据库incoPat中检索，检索截至2022年12月31日，发现新一代电子信息产业检索结果为40380913篇专利，检索式为"bclas2=（C39）"。新一代信息技术产业检索结果为31754873篇专利，检索式为"INDUSTRY1=（1）"。新一代电子信息产业检索专利数量大于新一代信息技术产业检索专利数量。

第 2 章　新一代电子信息产业技术分支

新一代电子信息产业包含计算机制造、通信设备制造等《国民经济行业分类》制造业中的 9 项中类和 36 项小类，如表 2-1 所示。

表 2-1　新一代电子信息产业技术分支

国民经济行业分类-大类	国民经济行业分类-中类	国民经济行业分类-小类
39 计算机、通信和其他电子设备制造业 即， 新一代电子信息 战略性支柱产业	391 计算机制造	3911 计算机整机制造
		3912 计算机零部件制造
		3913 计算机外围设备制造
		3914 工业控制计算机及系统制造
		3915 信息安全设备制造
		3919 其他计算机制造
	392 通信设备制造	3921 通信系统设备制造
		3922 通信终端设备制造
	393 广播电视设备制造	3931 广播电视节目制作及发射设备制造
		3932 广播电视接收设备制造
		3933 广播电视专用配件制造
		3934 专业音响设备制造
		3939 应用电视设备及其他广播电视设备制造
	394 雷达及配套设备制造	3940 雷达及配套设备制造
	395 非专业视听设备制造	3951 电视机制造
		3952 音响设备制造
		3953 影视录放设备制造
	396 智能消费设备制造	3961 可穿戴智能设备制造
		3962 智能车载设备制造
		3963 智能无人飞行器制造
		3964 服务消费机器人制造
		3969 其他智能消费设备制造

续表

国民经济行业分类-大类	国民经济行业分类-中类	国民经济行业分类-小类
39 计算机、通信和其他电子设备制造业即，新一代电子信息战略性支柱产业	397 电子器件制造	3971 电子真空器件制造
		3972 半导体分立器件制造
		3973 集成电路制造
		3974 显示器件制造
		3975 半导体照明器件制造
		3976 光电子器件制造
		3979 其他电子器件制造
	398 电子元件及电子专用材料制造	3981 电阻电容电感元件制造
		3982 电子电路制造
		3983 敏感元件及传感器制造
		3984 电声器件及零件制造
		3985 电子专用材料制造
		3989 其他电子元件制造
	399 其他电子元件制造	3990 其他电子设备制造

结合《国民经济行业分类》和《国际专利分类与国民经济行业分类参照关系表（2018）》，上述 391 计算机制造中的两个分支 3914 工业控制计算机及系统制造、3915 信息安全设备制造的 IPC 分类号一致，究其原因可能是工控机系统总是与访问控制密不可分，应用场景高度重合。

第 3 章　新一代电子信息产业专利总体态势

在数据库 incoPat 中检索，检索截至 2022 年 12 月 31 日，新一代电子信息产业专利检索式为"bclas2 =（C39）"，该检索式的含义为：检索国民经济行业分类 C39：制造业-计算机、通信和其他电子设备制造业，即，检索《广东省发展新一代电子信息战略性支柱产业集群行动计划（2021—2025 年）》定义的新一代电子信息产业。

图 3-1 是 2000—2022 年新一代电子信息产业专利申请趋势，包括各年度全球和中美日欧韩五个重要知识产权局的申请量。考虑到专利在没有特别声明的情况下其申请日至公开日的默认期限为 18 个月，忽略 2021—2022 年的申请数据，对 2000—2020 年的数据进行分析。全球专利申请量与美国专利申请量的变化趋势基本一致，2000—2017 年逐年增高，而 2017—2020 年平缓上升，表示新一代电子信息产业技术发展逐渐进入成熟期。中国专利申请量在这 20 年内都稳步提升，在 2010 年之后超过美国，并与美日欧韩四局逐渐拉大差距，后来居上拥有绝对领先优势。日本专利申请量在逐年下降，2018 年后日本相对于韩国、欧洲的专利申请量已不具备优势。韩国与欧洲专利申请趋势线几乎重叠，20 年内都呈现非常稳定平缓的状态。

图 3-2 呈现的是新一代电子信息产业的各技术分支专利在五大国家/地区的申请情况分布，可以看到日本在大部分技术分支的申请量都大于中美两国，这似乎与图 3-1 显示的日本专利申请量小于中美两国的情况相矛盾，究其原因是各国的分类习惯差异以及一份专利申请可能有多个分类号。具体而言，日本专利的分类规则遵循沾边即划入的求全原则，其被过多分配的分类号可能导致一份专利既纳入了 391 计算机制造，又纳入了 392 通信设备制造，还纳入了 397 电子器件制造。与此相对，中美专利的分类规则倾向于以发明点为重点的求准原则，其被准确分配的分类号可能导致一份专利纳入 391 计算机制造而不再纳入 392 通信设备制造。

图 3-1　新一代电子信息产业专利申请趋势

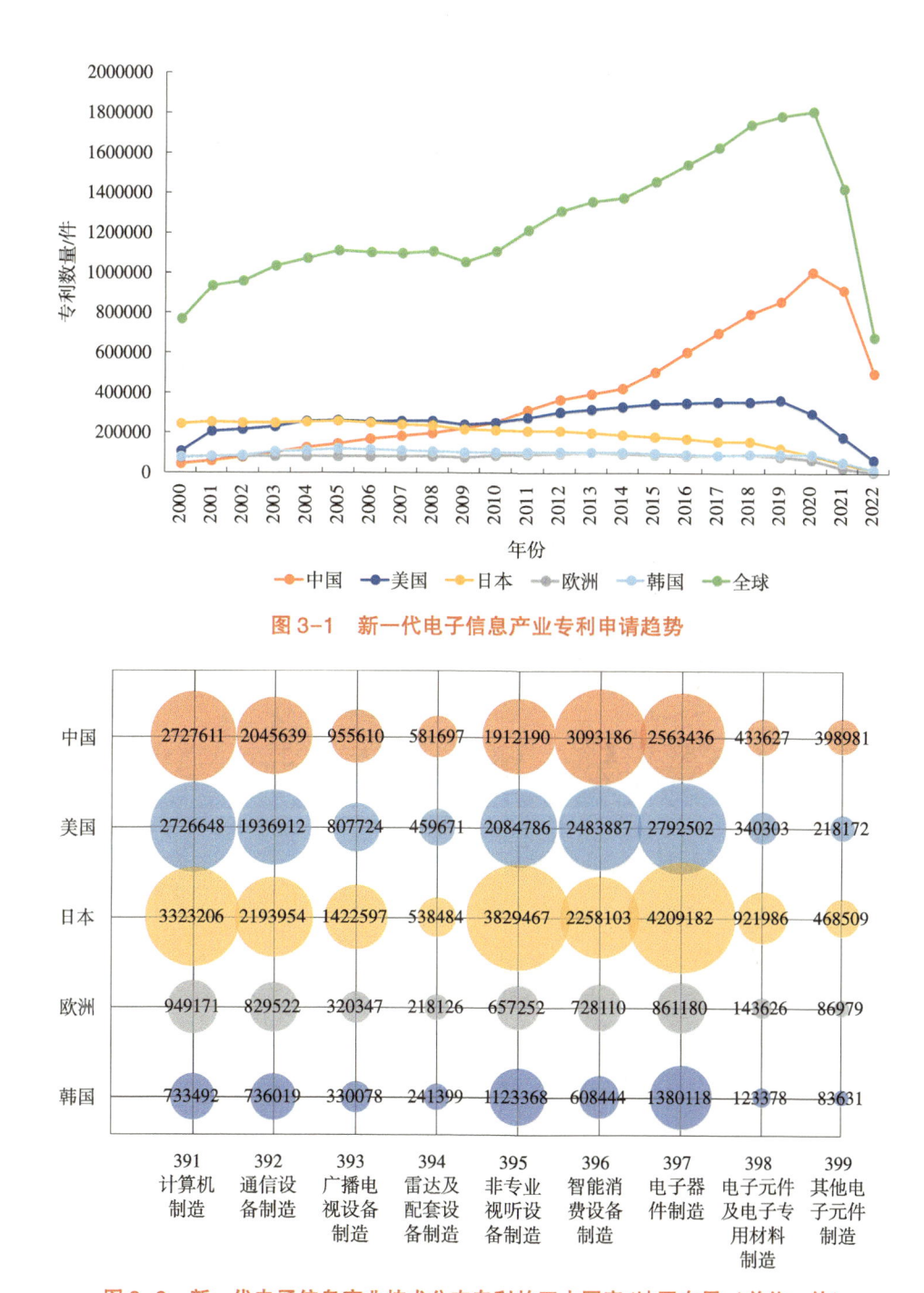

图 3-2　新一代电子信息产业技术分支专利的五大国家/地区布局（单位：件）

从图 3-2 可知，横向来看，五大局的专利在各技术分支的分布情况基本一致，都着力布局在 391 计算机制造、392 通信设备制造、395 非专业视听设备制造、396 智能消费设备制造以及 397 电子器件制造这 5 个分支领域。这些分支领域是新一代电子信息

· 007 ·

产业的核心技术，同时涉及的大多是用户终端常用电子产品，拥有巨大的消费品市场需求，能够激励创新主体不断加大研发投入和积极保护创新成果。

结合图3-2和图3-3（有效专利的分布），纵向来看，中美日的申请量庞大，然而日本的有效率则远不如其他国家/地区。具体查看专利的有效率（见表3-1），日本专利的有效率都不超过20%，在398电子元件及电子专用材料制造领域甚至只有12.39%，而中美专利的有效率都在50%左右，欧韩专利的有效率也在40%左右，都远大于日本专利的有效率。由于各国专利有效期大多在20年及以内，也就是说2000年及以前的专利申请基本已过期，而日本基于国家自身发展周期，其申请量更多地集中在2000年以前，导致存在大量过期专利，如391计算机制造领域，日本在2000年以前的申请量为1082414件，大于其2000—2020年申请量1003663件，因而导致该国总体的专利有效率低。而中国近年来对该领域的技术创新一直保持高度关注，其专利有效率也较其他国家/地区占有优势，但与美国相比仍有差距，这与美国在该领域一直占据技术优势有关。

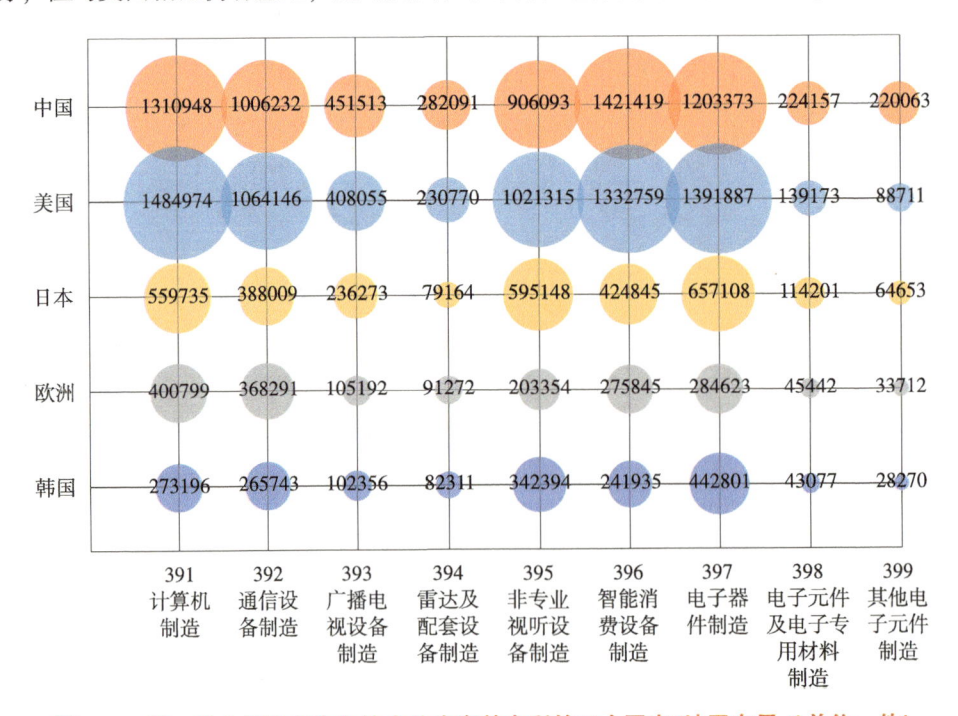

国家/地区	391计算机制造	392通信设备制造	393广播电视设备制造	394雷达及配套设备制造	395非专业视听设备制造	396智能消费设备制造	397电子器件制造	398电子元件及电子专用材料制造	399其他电子元件制造
中国	1310948	1006232	451513	282091	906093	1421419	1203373	224157	220063
美国	1484974	1064146	408055	230770	1021315	1332759	1391887	139173	88711
日本	559735	388009	236273	79164	595148	424845	657108	114201	64653
欧洲	400799	368291	105192	91272	203354	275845	284623	45442	33712
韩国	273196	265743	102356	82311	342394	241935	442801	43077	28270

图3-3 新一代电子信息产业技术分支有效专利的五大国家/地区布局（单位：件）

表3-1 新一代电子信息产业技术分支专利的有效率

分支领域	专利有效率				
	中国	美国	日本	欧洲	韩国
391计算机制造	48.06%	54.46%	16.84%	42.23%	37.25%
392通信设备制造	49.19%	54.94%	17.69%	44.40%	36.11%

续表

分支领域	专利有效率				
	中国	美国	日本	欧洲	韩国
393 广播电视设备制造	47.25%	50.52%	16.61%	32.84%	31.01%
394 雷达及配套设备制造	48.49%	50.20%	14.70%	41.84%	34.10%
395 非专业视听设备制造	47.39%	48.99%	15.54%	30.94%	30.48%
396 智能消费设备制造	45.95%	53.66%	18.81%	37.89%	39.76%
397 电子器件制造	46.94%	49.84%	15.61%	33.05%	32.08%
398 电子元件及电子专用材料制造	51.69%	40.90%	12.39%	31.64%	34.91%
399 其他电子元件制造	55.16%	40.66%	13.80%	38.76%	33.80%

从新一代电子信息产业中选择两个技术分支做进一步的专利数据分析，从专利申请量、有效量以及技术核心的角度选取 391 计算机制造和 397 电子器件制造。

第4章　391 计算机制造领域

在数据库 incoPat 中检索，检索截至 2022 年 12 月 31 日，391 计算机制造领域专利检索式为"bclas3 =（C391）"，其包含的 6 个细分技术领域检索式为"bclas4 =（C391X）"，其中 X 等于 1~5、9，分别代表 3911 计算机整机制造、3912 计算机零部件制造、3913 计算机外围设备制造、3914 工业控制计算机及系统制造、3915 信息安全设备制造、3919 其他计算机制造，其中，3914 工业控制计算机及系统制造、3915 信息安全设备制造的 IPC 分类号一致，究其原因可能是《国际专利分类与国民经济行业分类参照关系表（2018）》考虑到工控机系统总是与访问控制密不可分，应用场景高度重合。

4.1　专利申请趋势

分析 391 计算机制造领域自 2000 年以来的专利申请情况，考虑到专利在没有特别声明的情况下其申请日至公开日的默认期限为 18 个月，忽略 2021—2022 年的部分申请数据。2000—2022 年全球专利申请量和有效专利量如图 4-1 所示。

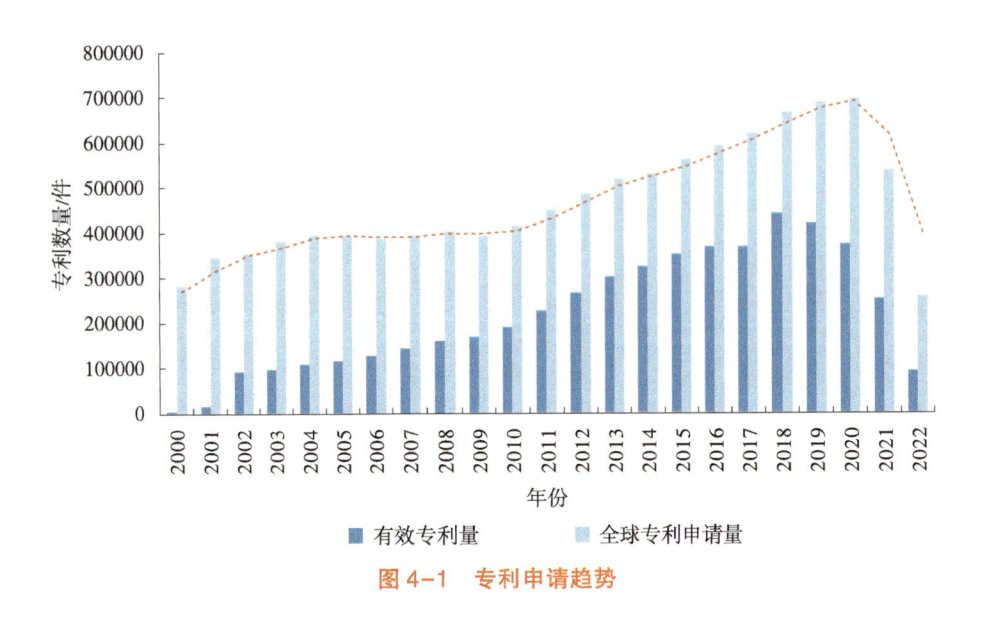

图 4-1　专利申请趋势

4.2 专利重要申请人

统计领域内当前有效专利的前 15 位重要申请人，如图 4-2 所示，处于第 1 位的是华为公司，另一上榜的中国企业是中兴公司。榜上有名的企业中，美国企业有高通、IBM、微软和苹果 4 家业内巨头，日本企业有佳能、精工、京瓷、兄弟工业、富士胶片和索尼 6 家，韩国企业有三星、乐金 2 家，欧洲地区的企业有爱立信 1 家。

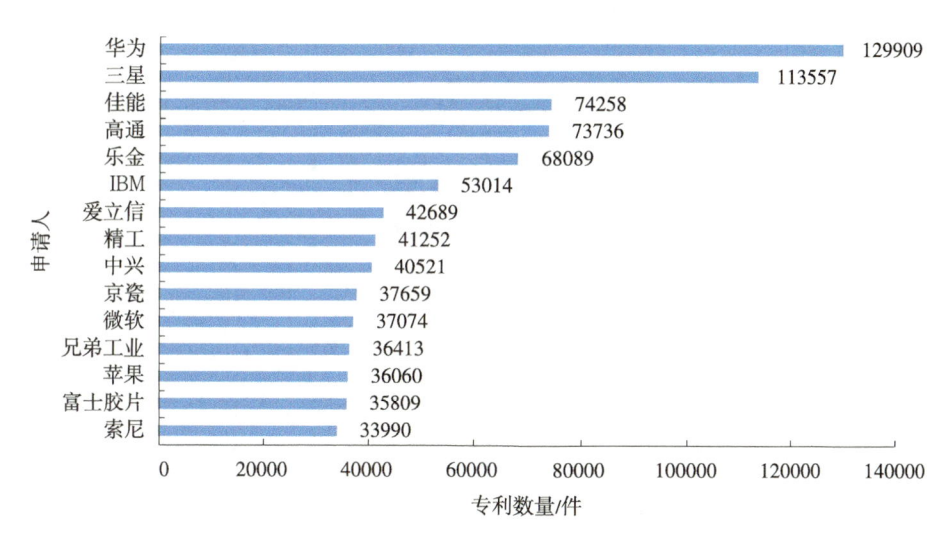

申请人	专利数量/件
华为	129909
三星	113557
佳能	74258
高通	73736
乐金	68089
IBM	53014
爱立信	42689
精工	41252
中兴	40521
京瓷	37659
微软	37074
兄弟工业	36413
苹果	36060
富士胶片	35809
索尼	33990

图 4-2　全球有效专利申请量排名前 15 位申请人

4.3 中美日申请人专利布局倾向

中美日三国总的专利申请量、专利有效量占据全球专利申请量、专利有效量的 70% 以上，重要申请人也集中在中美日，以下将进一步分析该领域内这三个国家申请人的专利地区布局、技术布局倾向。

专利的本国布局比例和国外布局比例能够在一定程度上反映出专利的总体质量，国外专利布局成本更高，申请人认为其专利技术本身价值足够高，需要着力保护以应对国外市场竞争挑战时，才更愿意向国外申请专利，因此，一般认为国外布局比例较高的专利总体质量较高。如图 4-3 所示，中国申请人更倾向于本国申请，本国专利布局比例高达 84.4%，而美国申请人更倾向于向国外申请专利，国外专利布局比例为 54.8%，日本申请人的国外专利布局比例也较高，达 33.5%。这些反映出在计算机制造领域，我国专利申请人拥有的专利技术可能总体处于价值链中低端，专利申请"大而不强"的问题突出。

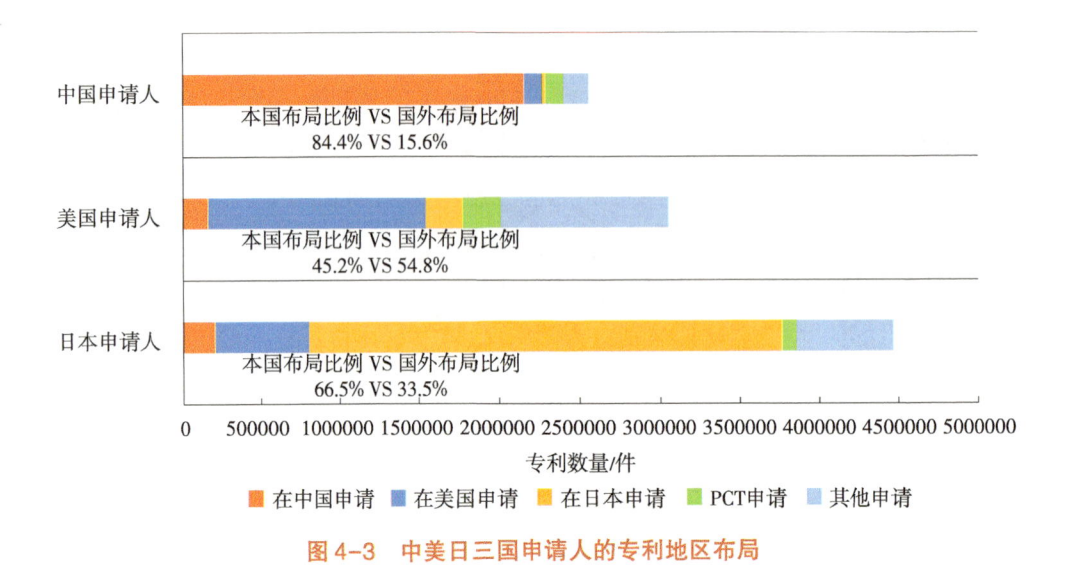

图 4-3　中美日三国申请人的专利地区布局

图 4-4 所示为中美日三国申请人的专利技术布局倾向，日本申请人在 3912 计算机零部件制造、3913 计算机外围设备制造方面的专利布局超过中美两国。美国申请人在 3911 计算机整机制造、3914 工业控制计算机及系统制造、3915 信息安全设备制造、3919 其他计算机制造方面的专利布局都占据优势地位。图中的虚线展示了各国申请人的专利技术布局侧重点，其显示出，中国申请人在各技术分支的布局侧重点与美国申请人一致，但是申请量明显较少。反映出在各技术分支领域，我国申请人仍存在关键领域核心技术攻关不足的问题。

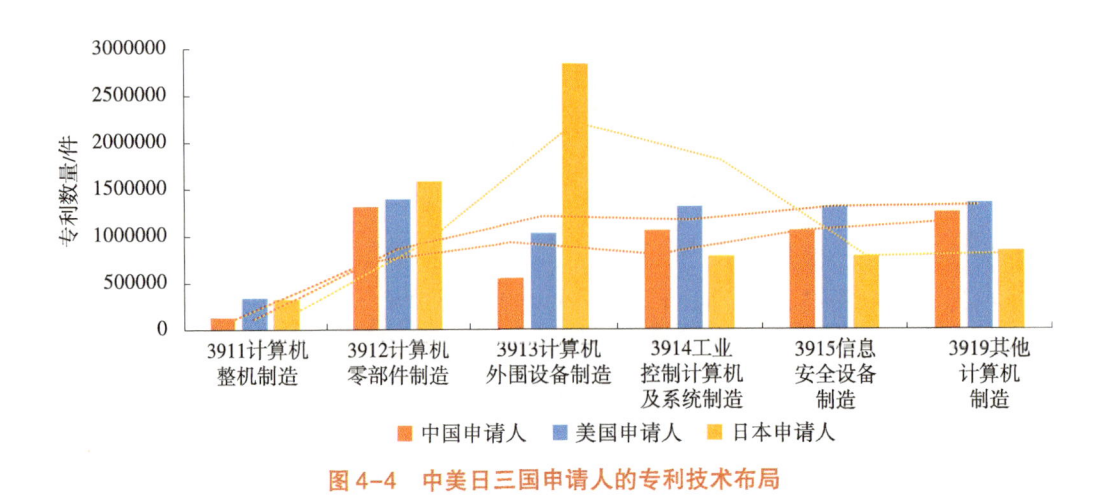

图 4-4　中美日三国申请人的专利技术布局

4.4　CN 专利情况

CN 专利是指全球申请人在中国申请的专利，中国市场庞大，消费需求旺盛，吸引了越来越多的申请人在中国布局专利，图4-5展现了CN专利的申请人所属国别和占比，除了中国申请人热衷在本国申请专利，也有15%的CN专利来自日本、美国和韩国的申请人。

图4-5　CN专利的申请人国别占比

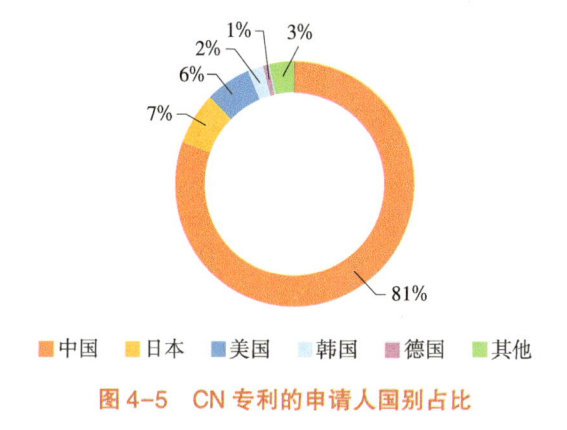

图4-6显示了来自广东、北京、江苏、上海、浙江、台湾等10个中国重要省市的申请人的CN专利技术布局情况，在计算机制造的各分支技术领域，广东省申请人的专利数量都占据首位，也印证了新一代电子信息产业是广东省的战略性支柱产业，是广东省经济发展的主导力量之一。图中的虚线展示了广东省申请人的专利技术布局侧重点，结合本章图4-4共同显示出，广东申请人在各技术分支的布局侧重点与我国申请人整体布局侧重点一致。

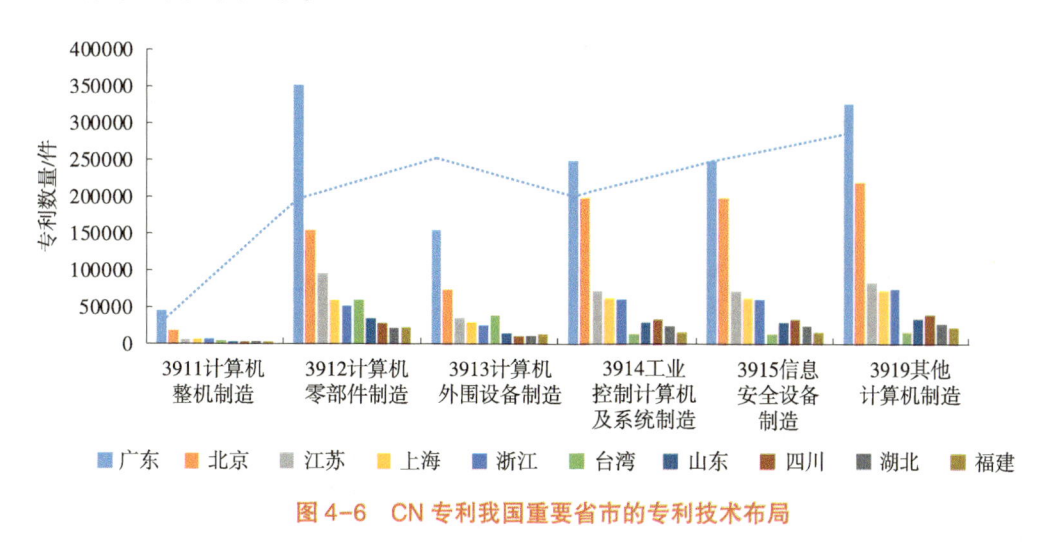

图4-6　CN专利我国重要省市的专利技术布局

图4-7显示了来自深圳、广州、东莞、佛山等7个广东省重要地市的申请人的CN专利技术布局情况，在计算机制造的各分支技术领域，深圳申请人的专利数量都占据首位且遥遥领先。图中的虚线展示了深圳市申请人的专利技术布局侧重点，结合本章

图 4-6 共同显示出，深圳申请人在各技术分支的布局侧重点与广东省申请人整体布局侧重点一致。

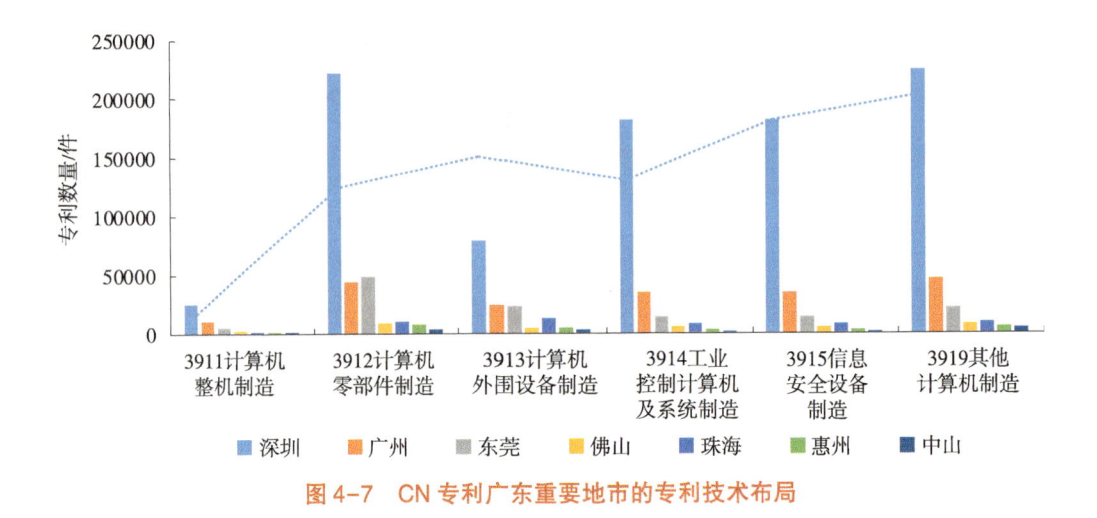

图 4-7　CN 专利广东重要地市的专利技术布局

分析 391 计算机制造领域内 CN 专利广东申请人前 15 名，结合本章图 4-2，华为既是本领域内全球有效专利申请量第一，又毋庸置疑地在本领域内 CN 专利广东申请人中排名第 1 位，如图 4-8 所示，中兴、腾讯、欧珀等龙头企业上榜，前 15 名重要申请人中，企业占 13 个名次，高校占 2 个名次，反映出该领域内广东省主要的创新力量是企业。

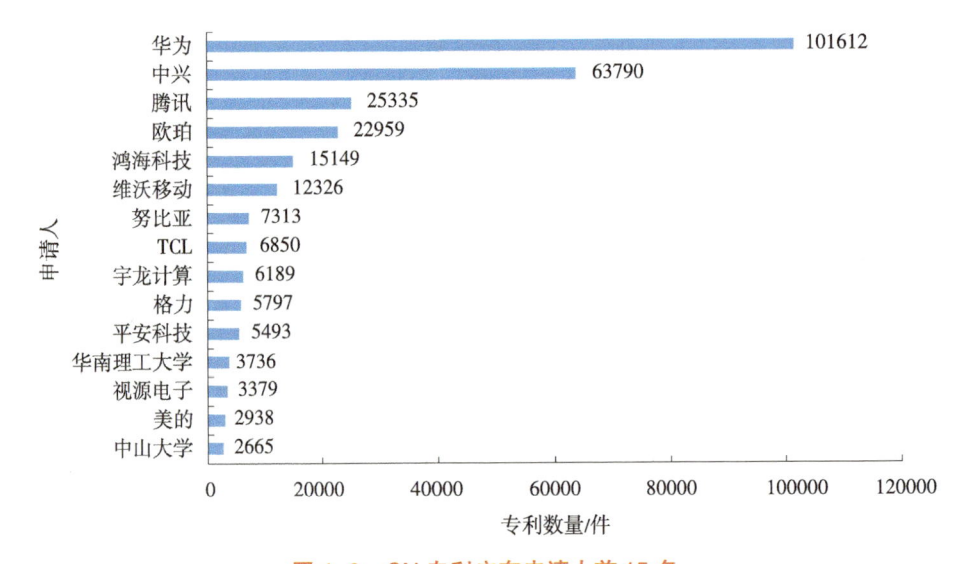

申请人	专利数量/件
华为	101612
中兴	63790
腾讯	25335
欧珀	22959
鸿海科技	15149
维沃移动	12326
努比亚	7313
TCL	6850
宇龙计算	6189
格力	5797
平安科技	5493
华南理工大学	3736
视源电子	3379
美的	2938
中山大学	2665

图 4-8　CN 专利广东申请人前 15 名

第 5 章　397 电子器件制造领域

在数据库 incoPat 中检索，检索截至 2022 年 12 月 31 日，397 电子器件制造领域专利检索式为"bclas3＝（C397）"，其包含的 7 个细分技术领域检索式为"bclas4＝（C397X）"，其中 X 等于 1~6、9，分别代表 3971 电子真空器件制造、3972 半导体分立器件制造、3973 集成电路制造、3974 显示器件制造、3975 半导体照明器件制造、3976 光电子器件制造、3979 其他电子器件制造。

5.1　专利申请趋势

分析 397 电子器件制造领域自 2000 年以来的专利申请情况，考虑到专利在没有特别声明的情况下其申请日至公开日的默认期限为 18 个月，忽略 2021—2022 年的部分申请数据。如图 5-1 所示，2000—2015 年专利申请量的变化趋势为略有波动而大体平稳，反映出技术突破较难，事实上，电子器件制造处于产业链上游，技术集中于企业巨头，相较于产业链下游的 391 计算机制造领域，较难形成申请人遍地开花而申请量连年快速增长的趋势。

图 5-1　专利申请趋势

5.2 专利重要申请人

统计领域内当前有效专利的前 15 位重要申请人，如图 5-2 所示，处于第 1 位的是三星，另一上榜的韩国企业是乐金集团。榜上有名的企业中，中国企业有京东方、台积电 2 家，美国企业有 IBM 公司 1 家，欧洲地区的企业 0 家，而日本企业有佳能、索尼、东芝等 10 家，远远超过其他国家/地区，占据绝对的优势地位，日本在电子器件制造领域的龙头企业林立，中国未来面临着扶持培育更多龙头企业的任务。

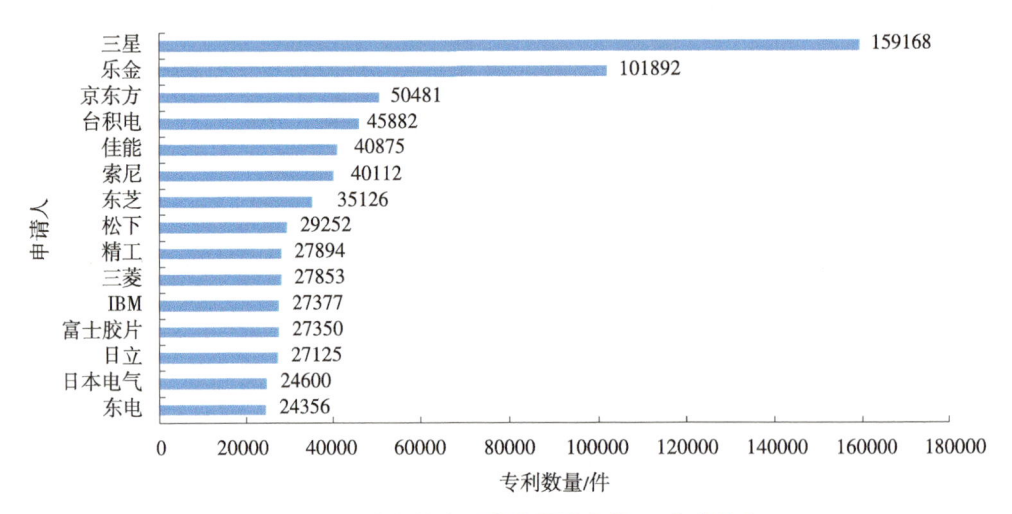

申请人	专利数量/件
三星	159168
乐金	101892
京东方	50481
台积电	45882
佳能	40875
索尼	40112
东芝	35126
松下	29252
精工	27894
三菱	27853
IBM	27377
富士胶片	27350
日立	27125
日本电气	24600
东电	24356

图 5-2 全球有效专利申请量排名前 15 位申请人

5.3 中美日申请人专利布局倾向

中美日三国总的专利申请量、专利有效量占据全球专利申请量、专利有效量的 70% 以上，重要申请人也集中在中美日，以下将进一步分析该领域内这三个国家申请人的专利地区布局、技术布局倾向。

专利的本国布局比例和国外布局比例能够在一定程度上反映出专利的总体质量，国外专利布局成本更高，申请人认为其专利技术本身价值足够高，需要着力保护以应对国外市场竞争挑战时，才更愿意向国外申请专利，因此，一般认为国外布局比例较高的专利总体质量较高。如图 5-3 所示，中国申请人更倾向于本国申请，本国专利布局比例高达 88.9%，而美国申请人更倾向于向国外申请专利，国外专利布局比例为 58.3%，日本申请人的国外专利布局比例也较高，达 36.6%。这些反映出在电子器件制造领域，我国专利申请人拥有的专利技术可能总体处于价值链中低端，专利申请"大而不强"的问题突出。

图 5-3 中美日三国申请人的专利地区布局

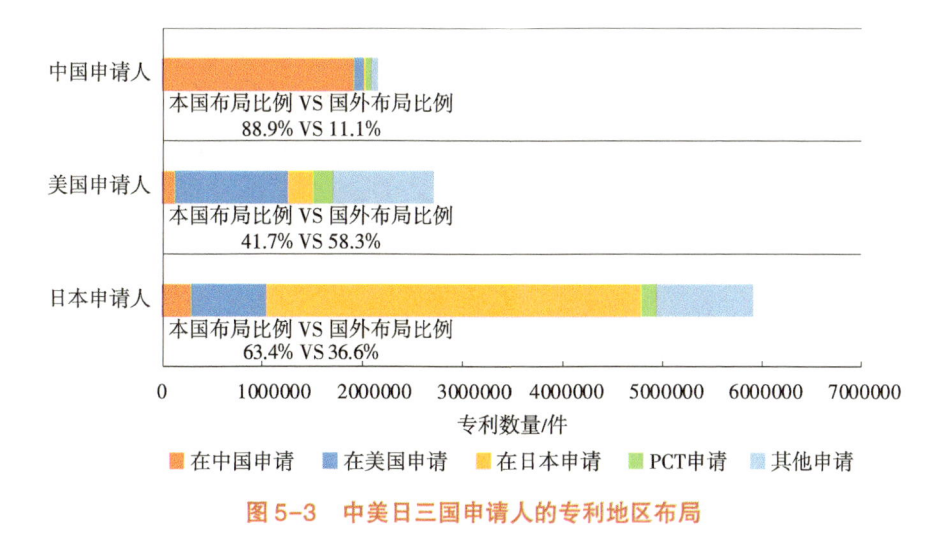

图 5-4 所示为中美日三国申请人的专利技术布局倾向，日本申请人在 7 个技术分支方面的专利布局都远远超过中美两国，占据优势地位。图中的虚线展示了各国申请人的专利技术布局侧重点，其显示出，中美日三国的申请人在各技术分支的布局侧重点都一致，着重布局于 3973 集成电路制造领域，较少地申请 3971 电子真空器件制造专利，在其他技术分支的布局相对比较均匀。中国申请人的申请量明显较少，反映出在各技术分支领域，我国申请人仍存在关键领域核心技术攻关不足的问题。

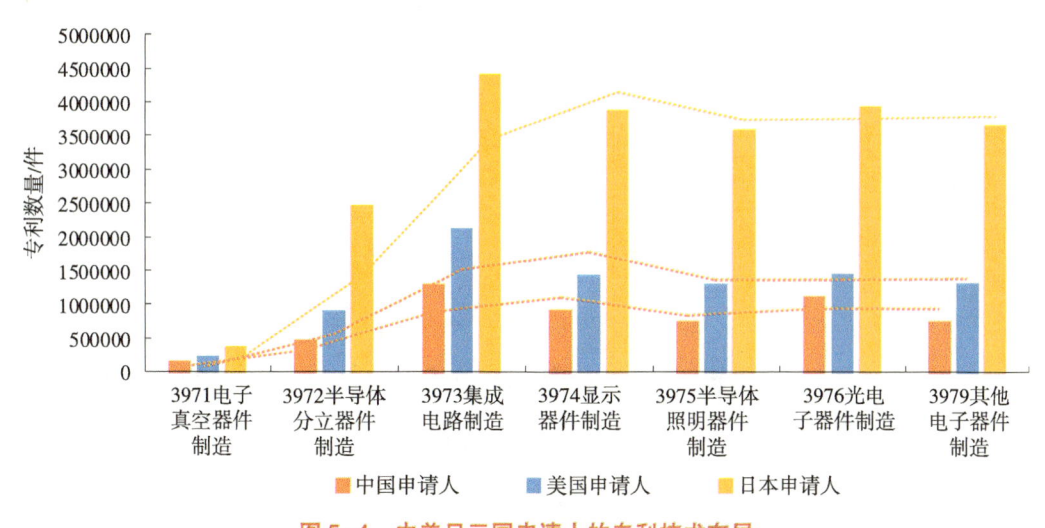

图 5-4 中美日三国申请人的专利技术布局

5.4 CN 专利情况

CN 专利是指全球申请人在中国申请的专利，中国市场庞大，消费需求旺盛，吸引了越来越多的申请人在中国布局专利，图 5-5 展现了 CN 专利的申请人所属国别和占比，除了中国申请人热衷在本国申请专利，也有 12% 的 CN 专利来自日本，10% 的专利来自美国、韩国和德国的申请人。

图 5-5　CN 专利的申请人国别占比

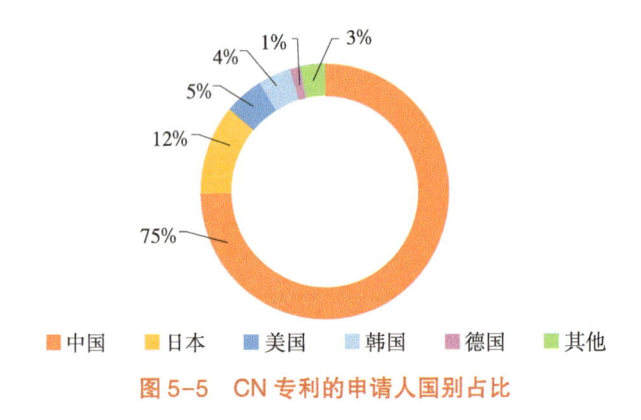

图 5-6 显示了来自广东、北京、江苏、上海、浙江、台湾等 10 个中国重要省市的申请人的 CN 专利技术布局情况，在电子器件制造的各分支技术领域，广东省申请人的专利数量都占据首位，也印证了新一代电子信息产业是广东省的战略性支柱产业，是广东省经济发展的主导力量之一。图 5-6 中的虚线展示了广东省申请人的专利技术布局侧重点，结合本章图 5-4 共同显示出，广东申请人在各技术分支的布局侧重点与我国申请人整体布局侧重点一致，都是着重布局于 3973 集成电路制造领域，较少地申请 3971 电子真空器件制造专利，在其他技术分支的布局相对比较均匀。

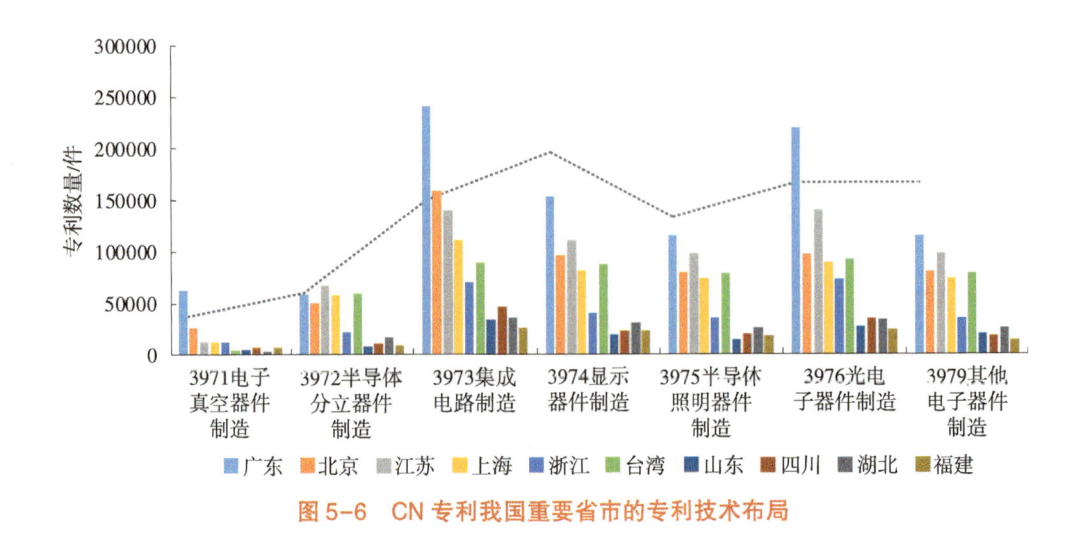

图 5-6　CN 专利我国重要省市的专利技术布局

图 5-7 显示了来自深圳、广州、东莞、佛山等 7 个广东省重要地市的申请人的 CN 专利技术布局情况，在电子器件制造的各分支技术领域，深圳申请人的专利数量都占据首位且遥遥领先。图 5-7 中的虚线展示了深圳市申请人的专利技术布局侧重点，结

合本章图 5-6 共同显示出，深圳申请人在各技术分支的布局侧重点与广东省申请人整体布局侧重点一致。

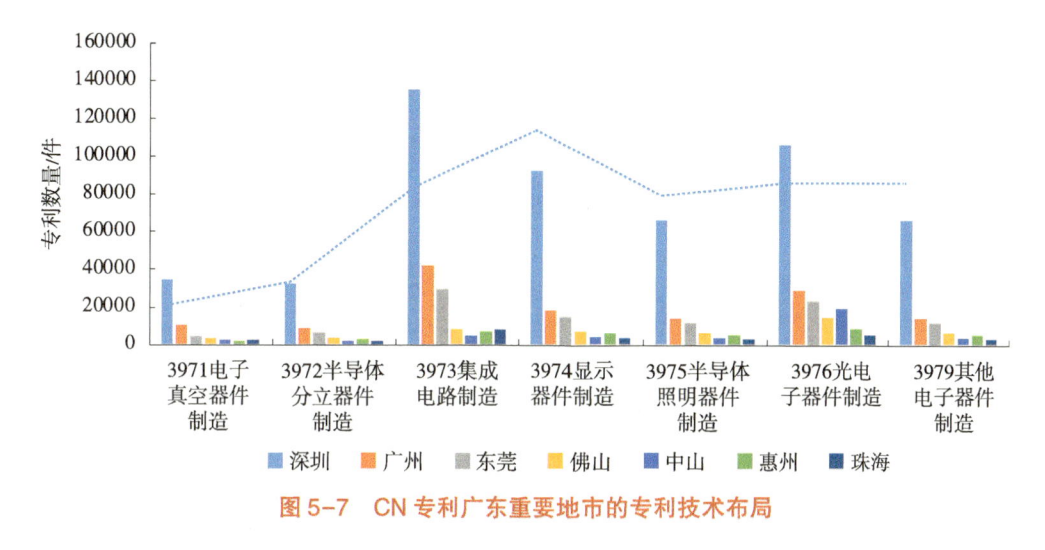

图 5-7 CN 专利广东重要地市的专利技术布局

分析 397 电子器件制造领域内 CN 专利广东申请人前 15 名，如图 5-8 所示，华星光电排第 1 位，华为的申请量则排名第 2 位，海洋王照明和欧珀紧随其后，前 15 名重要申请人中，企业占 13 个名次，高校占 2 个名次，反映出该领域内广东省主要的创新力量来自企业。

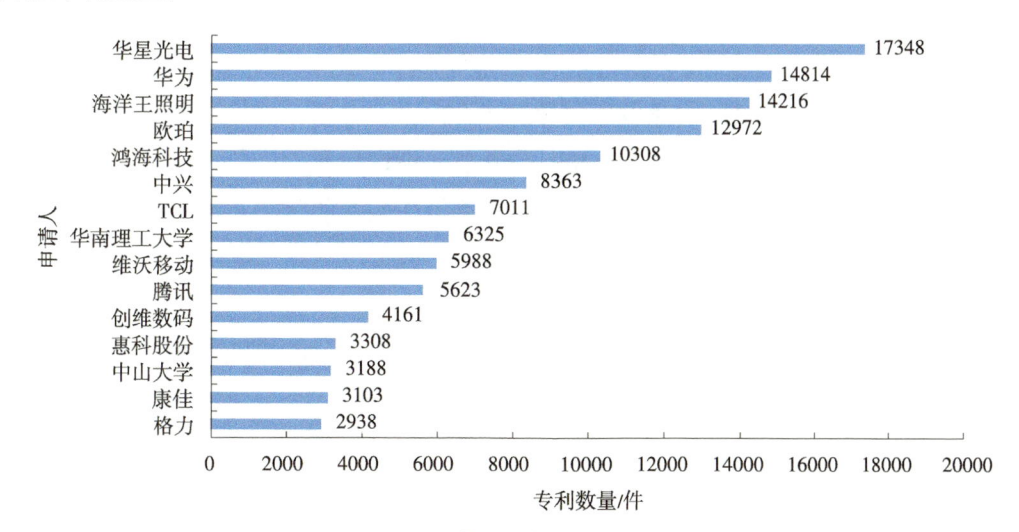

申请人	专利数量/件
华星光电	17348
华为	14814
海洋王照明	14216
欧珀	12972
鸿海科技	10308
中兴	8363
TCL	7011
华南理工大学	6325
维沃移动	5988
腾讯	5623
创维数码	4161
惠科股份	3308
中山大学	3188
康佳	3103
格力	2938

图 5-8 CN 专利广东申请人前 15 名

第 6 章　总结与建议

综上，其一，我国新一代电子信息产业的专利技术目前呈现出"大而不强"的情况。该产业的全球专利申请趋势显示中国专利数量很多，而其两大重要技术领域计算机制造、电子器件制造的专利布局倾向显示，中国专利申请人的专利技术价值不高，该产业方向上中国专利技术总体处于产品价值链中低端。其二，中国龙头骨干企业数量储备不足。在计算机制造领域中国仅有华为和中兴 2 家企业排入全球前 15 位，电子器件制造领域中国则仅有京东方和台积电 2 家，没有像日本那样形成具有核心竞争力的企业集群。同时，中国在计算机整机制造、半导体器件制造等细分领域存在短板，更是缺少细分行业领域的单项冠军企业。其三，专利海外布局有待加强。该产业内我国申请人的海外专利布局比例较低，PCT 专利偏少，这是因为我国具有国际竞争力的创新技术不足，同时企业的专利海外布局意识和能力不强。其四，产业技术越来越集中化、高端化。2011—2014 年竞争加剧导致产业内一大批创新主体衰落，中国与全世界创新主体同样面临着该产业发展成熟且创新瓶颈渐渐显露的趋势，广东省作为第一申请大省，有望利用好产业规模较大、产业链配套较完善的优势蓄力突破，对标全球最优最强地区，把握发展的战略机遇。

对新一代电子信息产业的发展提出以下建议。

第一，加快培育具有国际竞争力的企业集群。着力为地区引进创新引领作用强的优势企业，提供配套服务和支撑，培育一批拥有核心技术、具备国际竞争力和品牌影响力的行业龙头企业，支持优势企业间的强强合作，鼓励上下游企业间的协同互补，形成以骨干企业集团为核心的产业企业集群。

第二，充分挖掘专利信息资源价值。本产业的技术发展趋于成熟，在计算机制造、电子器件制造等方面，存在着大量专利权已过期或提前终止的专利技术，通过研究基本专利继续开发创新，效率高且风险小，此外，法律上的专利权失效并不意味着技术上的淘汰，挖掘或直接实施仍有实用价值的失效专利技术，对于中小企业而言有较高的借鉴意义。

第三，加强知识产权保护。支持和引导创新主体开展专利导航和预警分析，针对关键领域开展专利分析，全面掌握国外龙头企业的专利技术和布局，规避侵权风险，同时，发现产业技术的发展问题，挖掘后来居上跨越发展的机遇，明确方向，集中力量，抢占未来产业发展制高点。

家用空调产业专利信息简报

郑少金　赵　飞　苏颖君

广东省知识产权保护中心

智能家电产业是广东省战略性支柱产业，广东省作为全球最大的家电制造业中心，具有全球规模最大、品类最齐全的智能家电产业链。2019年，广东省的空调、电视机、冰箱、厨房电器、照明灯饰等产品规模居全国第一。本文着眼于智能家电产业的家用空调这一细分领域，以小见大分析该产业的专利发展趋势。

第1章　家用空调产业简介

家用空调是智能家电产业的重要细分领域，是我国空调消费的主要领域，我国家用空调市场规模非常庞大，传统的少数空调巨头如格力、美的等仍占据着重要的市场份额。近年来，国内智能家电的发展吸引了智能家居企业进入空调市场，其中小米的进入，将智能空调带入了平价消费市场，一定程度上也冲击了国内空调龙头企业的市场地位，总体而言，国内家用空调龙头的集中度略有下降。

从家用空调产业发展趋势而言，健康化、智能化和节能化将是其未来的发展方向，因此，本文也将围绕这三个方面的技术开展专利信息分析。

第 2 章　家用空调产业技术分支

家用空调产业技术分支，如表 2-1 所示。

表 2-1　家用空调产业技术分支

一级技术分支	二级技术分支
家用空调产业技术	家用空调健康化技术
	家用空调智能化技术
	家用空调节能化技术

第3章 家用空调技术专利导航分析

本报告采用的专利数据均来自 incoPat 商业数据库，检索截止日期为 2022 年 12 月 31 日，报告采用 incoPat 的技术功效短语检索语法，对健康化、智能化、节能化进行扩展检索，例如检索智能化，从可控性、便利性、自动化、智能化等方面进行扩展检索。

3.1 中国家用空调健康化技术专利导航分析

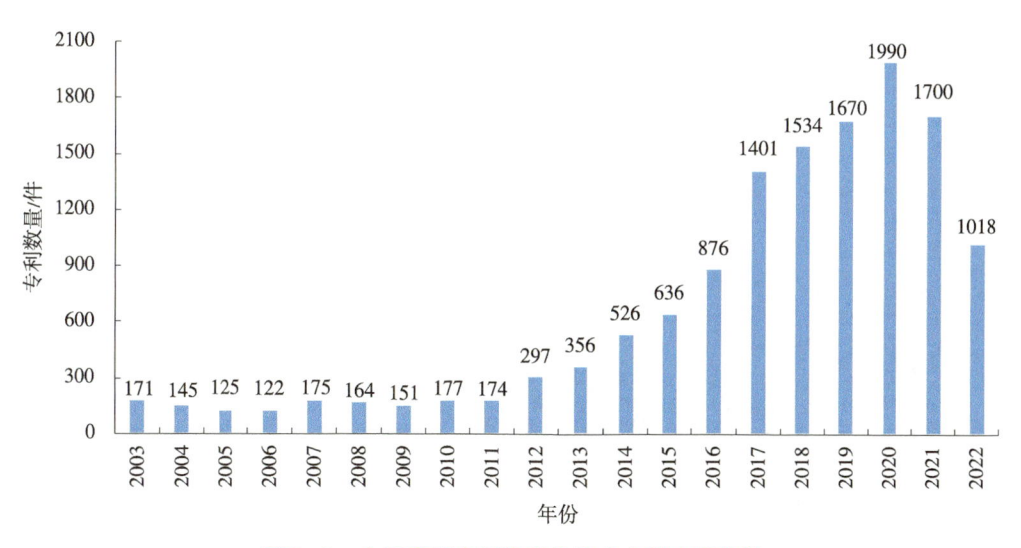

3.1.1 中国家用空调健康化技术专利申请趋势分析

对中国家用空调健康化技术专利申请进行检索，共检索到 13811 件专利申请，将相关专利申请按照申请年进行统计，得到年度申请量趋势如图 3-1 所示。由于近两年部分专利申请尚未完全公开，因而 2022 年的数据不参与趋势分析讨论。

由图 3-1 可知，从 2012 年开始，中国家用空调健康化技术的专利申请急剧增加，其中 2020 年的专利申请更是接近 2000 件，显示出相关申请人重视该技术领域的研发，从而有更多研发成果产出，产生了更多的专利申请。

年份	专利数量/件
2003	171
2004	145
2005	125
2006	122
2007	175
2008	164
2009	151
2010	177
2011	174
2012	297
2013	356
2014	526
2015	636
2016	876
2017	1401
2018	1534
2019	1670
2020	1990
2021	1700
2022	1018

图 3-1 中国家用空调健康化技术专利申请趋势

3.1.2 中国家用空调健康化技术生命周期分析

对中国家用空调健康化技术的专利申请进行生命周期分析，分析情况如图 3-2 所示。由图 3-2 可知，2013—2020 年，该领域处于技术发展期，相关专利申请数量和专利申请人数量均逐渐增多，而 2021 年较 2020 年的专利增长趋势放缓，申请人数量有所下降，显示创新难度有所增加。2022 年由于部分专利公开不充分，故不参与讨论。

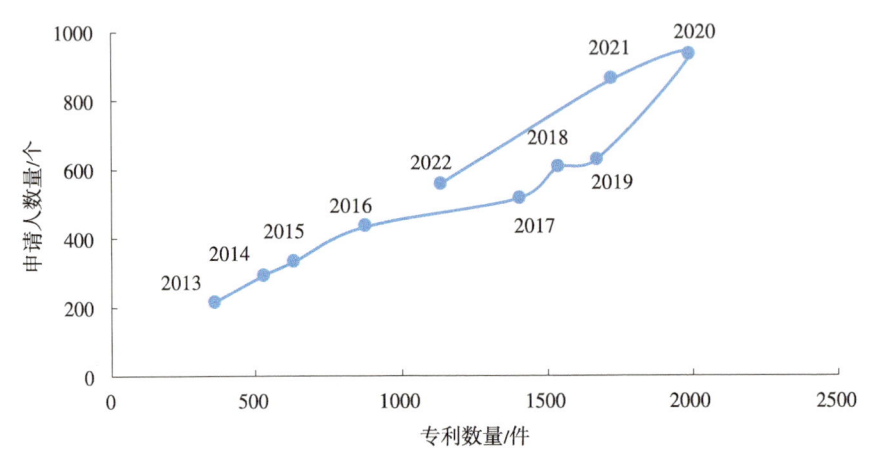

图 3-2 中国家用空调健康化技术专利生命周期图

3.1.3 中国家用空调健康化技术主要申请人

中国家用空调健康化技术专利申请量前 20 位的申请人统计如图 3-3 所示。由图 3-3 可知，对于中国家用空调健康化技术，美的集团的专利申请量为 1765 件，属于第一梯队，而青岛海尔和格力集团属于第二梯队，奥克斯、海信公司、乐金集团和 TCL 集团属于第三梯队，专利申请量均大于 100 件。

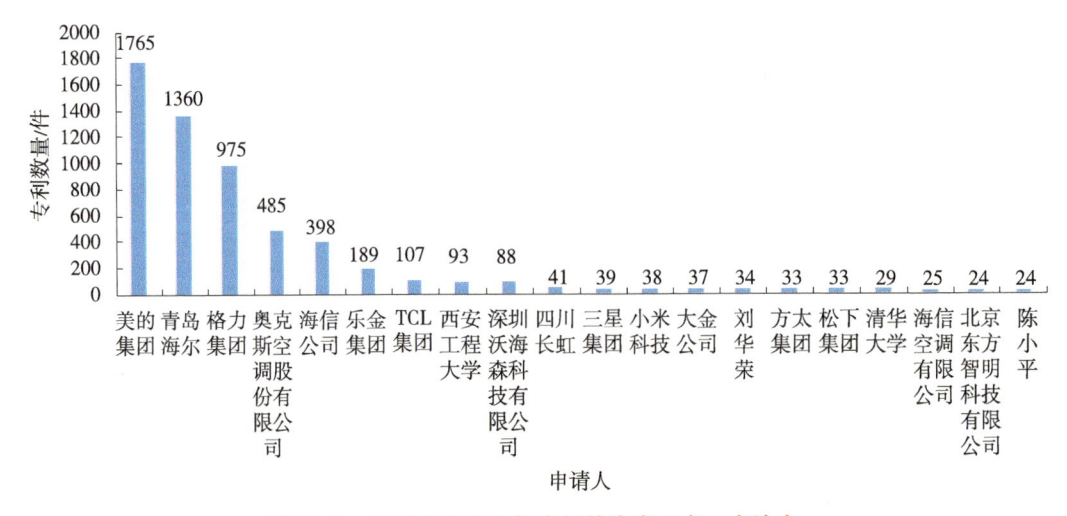

图 3-3 中国家用空调健康化技术专利主要申请人

3.1.4 中国家用空调健康化技术专利申请地域分析

中国家用空调健康化技术专利申请地区统计如图3-4所示。中国家用空调健康化技术专利申请主要分布于广东、山东、江苏和浙江，其中，广东的专利申请量远远领先于其他地区。

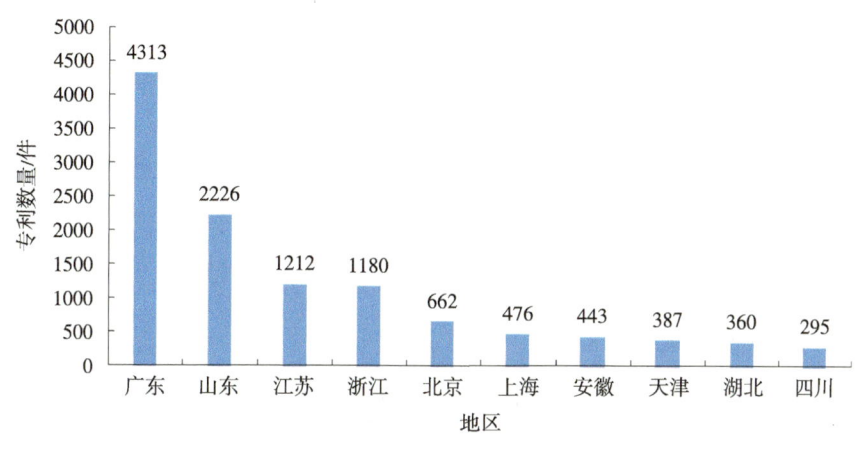

图3-4 中国家用空调健康化技术专利申请地区统计

地区	广东	山东	江苏	浙江	北京	上海	安徽	天津	湖北	四川
专利数量/件	4313	2226	1212	1180	662	476	443	387	360	295

3.1.5 广东家用空调健康化技术专利申请主要申请人分析

广东家用空调健康化技术专利申请量前10位的申请人统计如图3-5所示。由图3-5可知，美的和格力集团掌握的专利数量遥遥领先于其他申请人，而TCL集团、海信公司等其他业内知名品牌在空调健康化技术方面的专利布局相对较少。

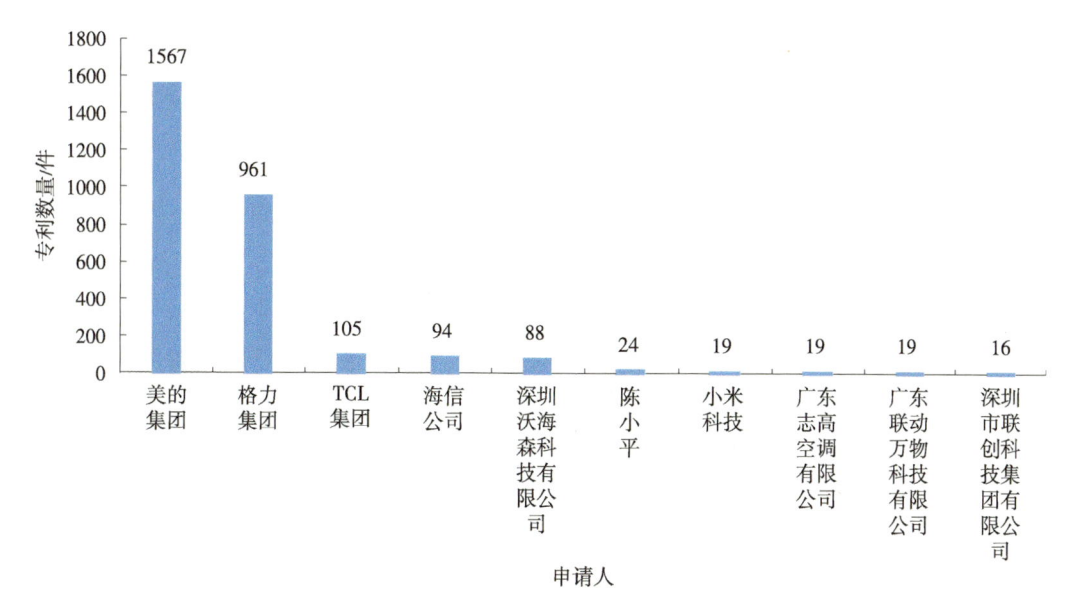

图3-5 广东家用空调健康化技术专利主要申请人

申请人	美的集团	格力集团	TCL集团	海信公司	深圳沃海森科技有限公司	陈小平	小米科技	广东志高空调有限公司	广东联动万物科技有限公司	深圳市联创科技集团有限公司
专利数量/件	1567	961	105	94	88	24	19	19	19	16

3.1.6 中国家用空调健康化技术专利申请情况小结

随着消费更深层次的需求释放，家用空调健康化技术已成为空调产业的未来方向。空调的专利申请量的申请趋势揭示了研究者对相关技术的重视情况，专利申请量的逐渐增加，亦印证了该领域越来越受到相关研究者的重视。且从其技术生命周期来看，2011—2020 年，该领域处于技术发展期，显示了该领域仍受到较多的关注。

从中国家用空调健康化技术专利申请的竞争格局来看，传统的空调巨头仍具有该领域的知识产权话语权，美的、格力、海尔等传统空调巨头的专利申请量远远领先于其他申请人，其中，广东空调巨头美的、格力已经初步具备该领域的知识产权话语权，未来得益于越来越严格的知识产权保护环境，其拥有的知识产权对其市场份额的提升将发挥更大的作用。

3.2 中国家用空调智能化技术专利导航分析

2017 年后，家电行业的智能化风潮愈演愈烈，无论是黑电、白电还是厨电均不同程度地加入了智能化元素，空调亦无例外。随着互联网技术的发展，在空调中嵌入具有互联网功能的模块，实现联网控制等智能化功能，同时实现家电的个性化，满足不同人群的需求成为未来发展的一大趋势。

3.2.1 中国家用空调智能化技术专利申请趋势分析

对中国家用空调智能化技术专利申请进行检索，截至 2022 年 12 月 31 日，共检索到 60050 件专利申请，将相关专利申请按照申请年进行统计，得到年度申请量趋势如图 3-6 所示。

年份	专利数量/件
2003	389
2004	455
2005	498
2006	493
2007	586
2008	686
2009	799
2010	937
2011	1144
2012	1755
2013	1862
2014	2341
2015	3294
2016	4174
2017	5811
2018	7061
2019	7352
2020	7566
2021	6803
2022	4310

图 3-6 中国家用空调智能化技术专利申请趋势

由图 3-6 可知，与中国家用空调健康化技术一致，从 2011 年开始，其专利申请急剧增加，其中 2020 年的专利申请更是超过 7500 件，显示该领域的技术研究仍然受到研究者的关注。

3.2.2 中国家用空调智能化技术生命周期分析

对中国家用空调智能化技术的专利申请进行生命周期分析，分析情况如图 3-7 所示，由图 3-7 可知，2013—2019 年，该领域处于技术发展期，相关专利申请数量和专利申请人数量均逐渐增多。但 2020 年相对于 2019 年，申请量的增幅有所下降，但是申请人的数量反而有明显的增加，即有更多的研究者关注此领域，但是技术创新难度有所提升，技术成果难以增量产生。

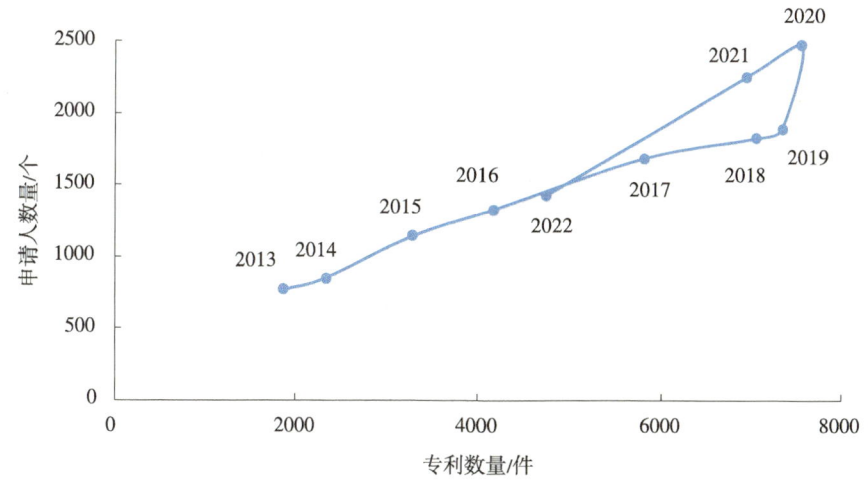

图 3-7 中国家用空调智能化技术专利生命周期图

3.2.3 中国家用空调智能化技术主要申请人

中国家用空调智能化技术专利申请量前 20 位的申请人统计如图 3-8 所示。由图可知，与中国家用空调健康化技术一致，美的仍占据榜一的位置，格力集团、青岛海尔、奥克斯、海信公司和乐金集团专利申请量位居前 6。其中，相较于健康化技术，格力集团超越青岛海尔，位居第 2 位。

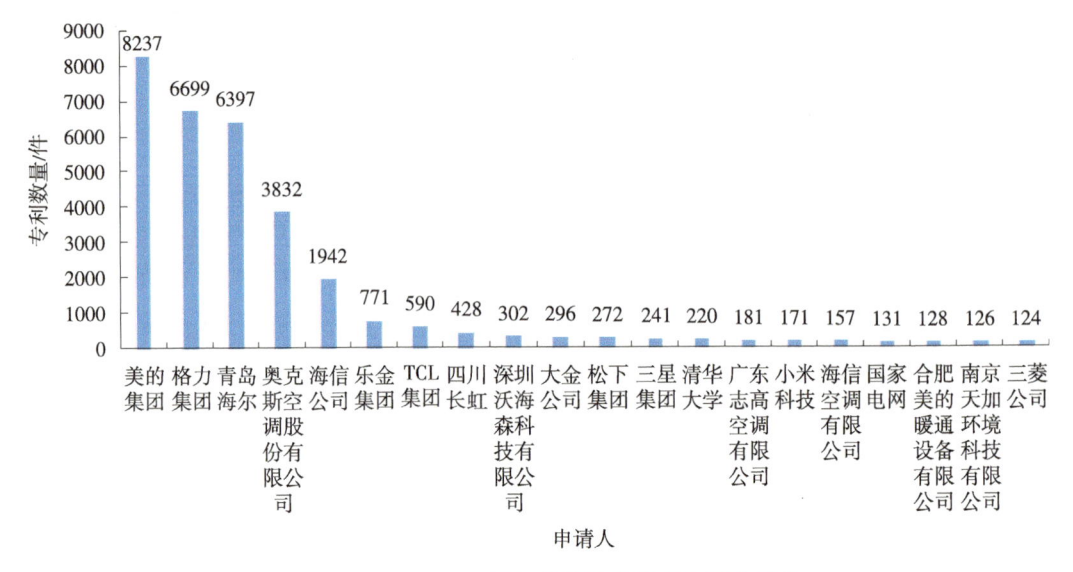

图 3-8 中国家用空调智能化技术专利主要申请人

3.2.4 中国家用空调智能化技术专利申请地域分析

中国家用空调智能化技术专利申请地区统计如图 3-9 所示。与中国家用空调健康化技术一致，中国家用空调智能化技术专利申请主要分布于广东、山东、浙江和江苏，其中，广东的专利申请量远远领先于其他地区。

图 3-9 中国家用空调智能化技术专利申请地区统计

3.2.5 广东家用空调智能化技术专利申请主要申请人分析

广东家用空调智能化技术专利申请量前 10 位的申请人统计如图 3-10 所示。由图 3-10 可知，美的和格力集团掌握的专利数量遥遥领先于其他申请人，而 TCL 集团、海信公司等其他业内知名品牌在空调智能化技术方面的专利布局相对较少。

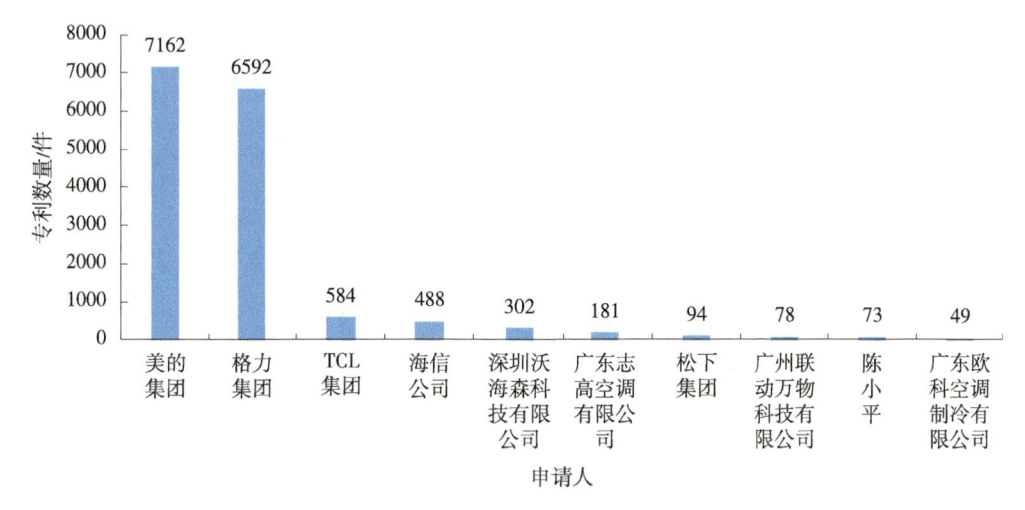

图 3-10 广东家用空调智能化技术专利主要申请人

申请人数据：美的集团 7162、格力集团 6592、TCL集团 584、海信公司 488、深圳沃海森科技有限公司 302、广东志高空调有限公司 181、松下集团 94、广州联动万物科技有限公司 78、陈小平 73、广东欧科空调制冷有限公司 49

3.2.6 中国家用空调智能化技术专利申请情况小结

尽管 2017 年后，家电行业的智能化风潮愈演愈烈，然而，传统家电行业巨头诸如格力、美的、海尔等仍然掌握着该领域的话语权，在该领域已经形成相应的专利壁垒，足以应对互联网模式空调对其造成的冲击，且从目前专利申请情况来看，并未见到互联网公司在此领域布局足够的专利，与传统的家电行业巨头抗衡和竞争。

3.3 中国家用空调节能化技术专利导航分析

低能耗已成为家用空调的核心竞争力，空调的新能效标准于 2020 年 7 月 1 日开始实施，很多空调产品被淘汰，且伴随着龙头企业高规格的研发投入提升家用空调产品的性能，加速了落后产品的市场退出进度。

3.3.1 中国家用空调节能化技术专利申请趋势分析

采用 incoPat 数据库，对中国家用空调节能化技术专利申请进行检索，截至 2022 年 12 月 31 日，共检索到 29164 件专利申请，将相关专利申请按照申请年进行统计，得到年度申请量趋势如图 3-11 所示。

由图 3-11 可知，2003—2017 年，专利申请量逐渐增加，2017 年专利申请量达到近 20 年来专利最高峰，之后专利申请量虽然略微有所减少，但是仍然维持较高的水平。

图 3-11 中国家用空调节能化技术专利申请趋势

3.3.2 中国家用空调节能化技术生命周期分析

对中国家用空调节能化技术的专利申请进行生命周期分析，分析情况如图 3-12 所示，由图 3-12 可知，2013—2017 年，该领域处于技术发展期，相关专利申请数量和专利申请人数量均逐渐增多。2018 年申请人数量和申请量均有较为明显的下降，2019 年申请人数量下降，但申请量比 2018 年有一定上升，2020 年申请量下降，但是申请人数量仍有明显的提升。由于空调节能化技术已到达一定的门槛，创新难度提升，导致申请量下降，但由于 2020 年新能效标准的实施，导致更多的申请人关注此领域。

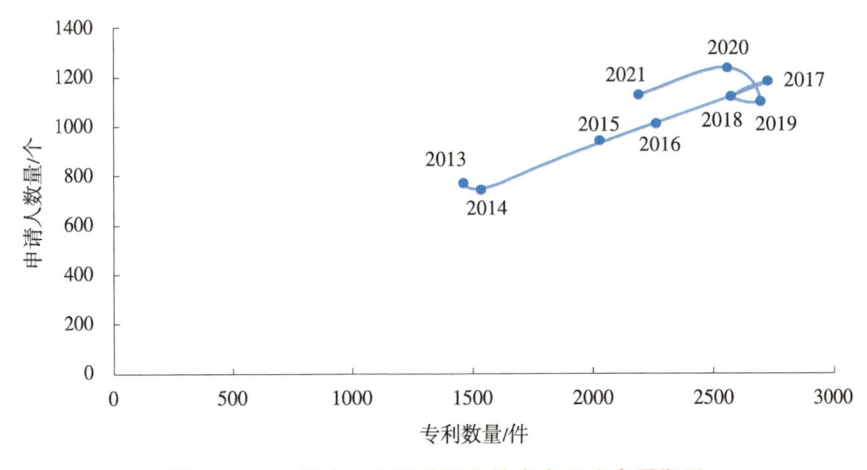

图 3-12 中国家用空调节能化技术专利生命周期图

3.3.3 中国家用空调节能化技术主要申请人

中国家用空调节能化技术专利申请量前 20 位的申请人统计如图 3-13 所示。与前两种技术相比，申请量排名前 6 位中，除了传统的空调巨头，出现了西安工程大学。

查看西安工程大学的专利，其主要由黄翔进行申请，黄翔带领的西安工程大学蒸发冷却空调研究团队，基于我国西部地区的气象条件特征和纺织行业空气热湿处理的特点，开展了利用干燥空气可再生自然湿能的蒸发冷却空调技术理论与工程应用的研究，产生大量的研究成果。

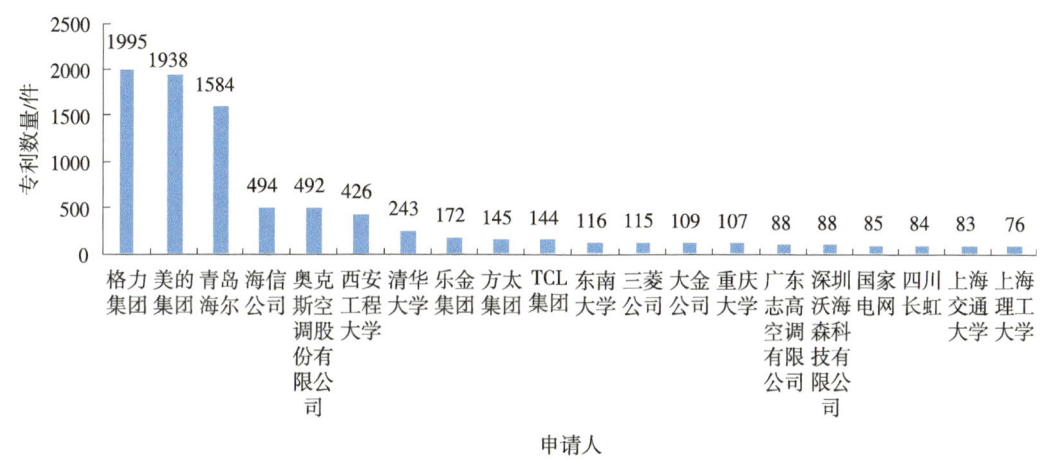

图 3-13 中国家用空调节能化技术专利主要申请人

3.3.4 中国家用空调节能化技术专利申请地域分析

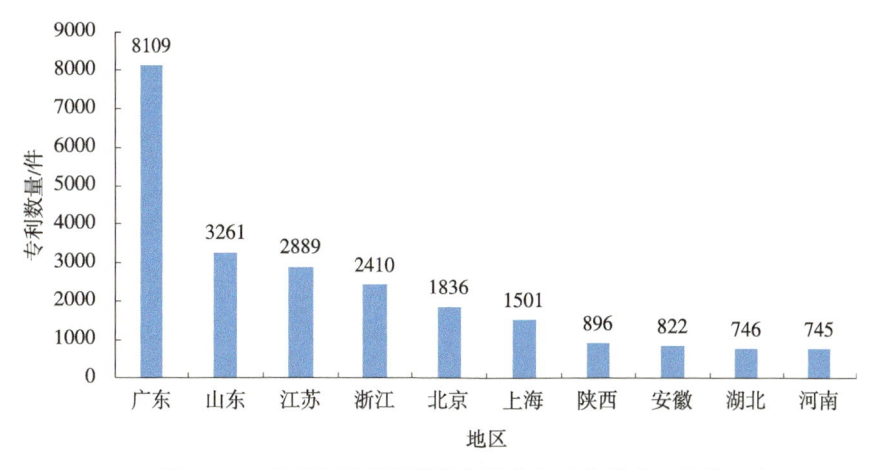

中国家用空调节能化技术专利申请地区统计如图 3-14 所示。与前述两个技术一致，中国家用空调节能化技术专利申请主要分布于广东、山东、江苏和浙江，其中，广东的专利申请量远远领先于其他地区。

图 3-14 中国家用空调节能化技术专利申请地区统计

3.3.5 广东家用空调节能化技术专利申请主要申请人分析

广东家用空调节能化技术专利申请量前 10 位的申请人统计如图 3-15 所示。由图可知，格力和美的集团掌握的专利数量遥遥领先于其他申请人，而海信公司、TCL集团等其他业内知名品牌在空调节能化技术方面的专利布局相对较少。

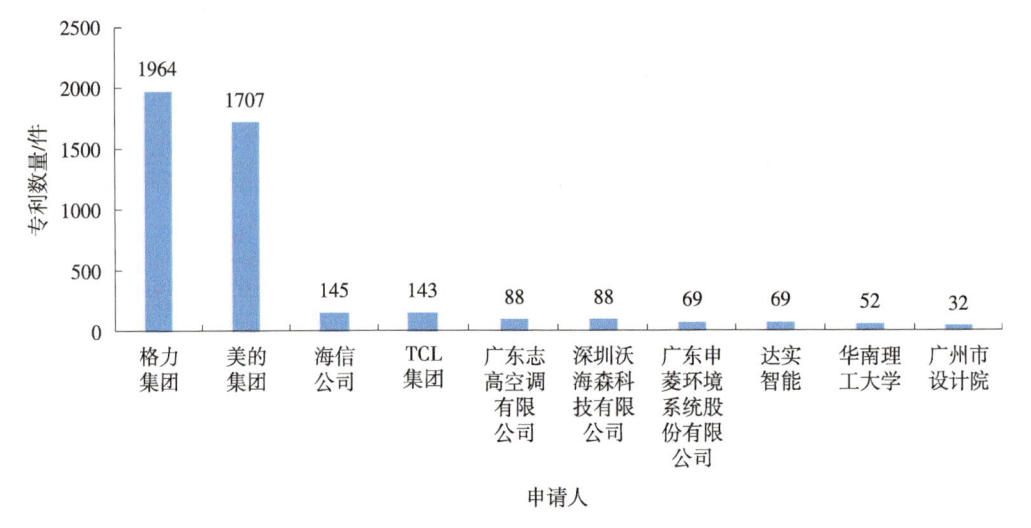

图3-15 广东家用空调节能化技术专利主要申请人

申请人	专利数量/件
格力集团	1964
美的集团	1707
海信公司	145
TCL集团	143
广东志高空调有限公司	88
深圳沃森科技有限公司	88
广东申菱环境系统股份有限公司	69
达实智能	69
华南理工大学	52
广州市设计院	32

3.3.6 中国家用空调节能化技术专利申请情况小结

随着空调的新能耗标准于2020年7月实施，空调节能化技术越来越受到研究者的关注。传统的空调巨头已在此领域构建了相应的知识产权壁垒，掌握了较多的专利申请，尽管该领域的专利申请量仍然维持在较高的水平，但是2019—2020年新增加的专利申请人并未带来专利数量的提升，表明近几年来空调节能化的技术门槛进一步提升，这将使当前的市场竞争格局更加清晰。

第4章 总结与建议

通过对代表空调未来趋势的健康化、智能化和节能化的三个技术领域进行分析，可以得出以下结论：

第一，从专利申请量来看这三个技术领域，智能化技术是研究的热点，节能化次之，健康化相对研究较少。

第二，头部空调品牌公司美的、格力和海尔仍然掌握着本领域的知识产权话语权，构建了相应的知识产权壁垒，在空调未来趋势的技术上已提前布局了大量的专利，其他空调品牌公司和申请人比较难以撼动其地位，在互联网公司中除了小米在空调健康化的技术布局的专利申请量进入前20，其余互联网公司并未进入三个技术的前20。

第三，广东省的知识产权实力比较突出，远远领先于全国其他省份，而且主要集中在美的和格力等少数大型企业。

基于广东的空调产业在全国的发展状况，本文提出以下建议：

第一，建议推动空调产业标准进一步提升和严格，比如节能标准等提升，推动广东头部企业美的、格力等企业进一步提升产品品质。

第二，加强推动空调产业的节能环保力度。鉴于目前广东的头部企业美的、格力针对未来的三个技术领域已经形成较为完善的专利布局，可通过推动空调产业的节能环保力度提升，加快知识产权转化成商业价值的速度。

第三，加强广东省内美的、格力与广东其他品牌公司的合作，推动广东省内公司的专利许可制度全面落地，从而促进和推动空调产业的良性竞争，整体提升广东空调产业品牌的实力。

激光与增材制造产业专利信息简报

江 超　孟祥宏

广东省知识产权保护中心

激光与增材制造是广东省战略性支柱产业，广东省是国内最大的激光与增材制造产业聚集区，产业规模处于全国前列。本文着重通过该产业的全球专利概况、重要申请人、主要发明人以及诉讼数据统计可视化一窥该产业的技术发展概况。

第1章 激光与增材制造产业简介

再制造技术能够实现废旧产品修复和改造，是推动资源综合利用和环境保护绿色发展的有效途径之一。《中国制造2025》中重点提出全面推进绿色制造，推进资源高效循环利用，大力发展再制造产业。目前传统制造方式如铸造、切削、锻造等受到模具和加工工具的限制，已经无法满足制造产业链对轻质化、复杂化、高性能零部件的需求，而增材制造技术以其无模组自由成形、定制化、数字化的优点为再制造产业提供了新的方向，实现了资源节约和环境保护。

增材制造技术基于金属增材制造技术，实现零部件损伤部位的尺寸恢复和性能提升，它作为一种颠覆性新技术已经被广泛用于航空航天、医学、模具、工业设计等领域，成为推动创新的重要推手。增材制造技术从能量源来看，包括激光增材、电子束增材、电弧增材，其中激光增材技术占据主导。

激光与增材制造技术的原理是利用激光在材料成型区域进行扫描熔化或利用激光在沉积区域产生熔池，熔化送入熔池的粉末材料，通过层层堆叠最终成型三维零件。

第 2 章　激光与增材制造产业的全球专利概况

在 incoPat 商业数据库中以激光与增材制造产业的关键词、分类号等要素进行检索，截至 2023 年 5 月，全球激光与增材制造产业的专利申请趋势和申请国家/地区分布如图 2-1、图 2-2 所示。

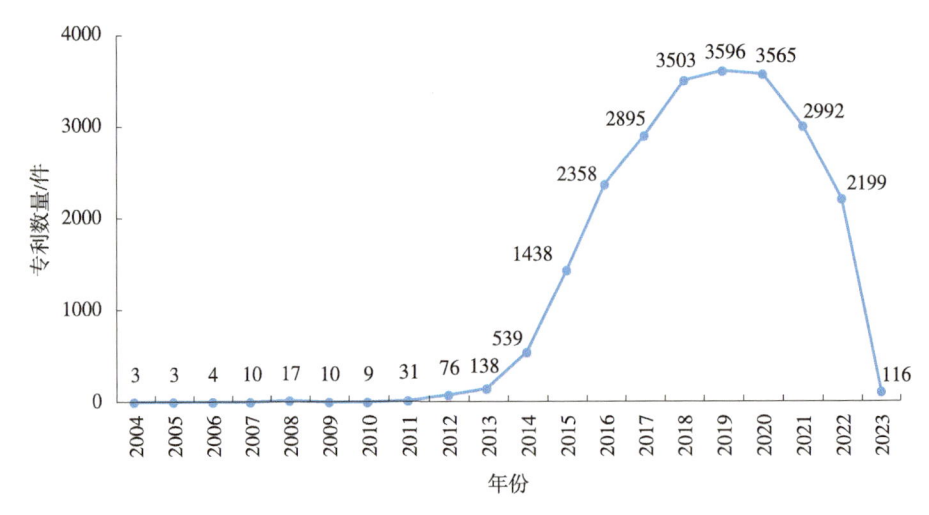

图 2-1　激光与增材制造产业的全球专利申请趋势

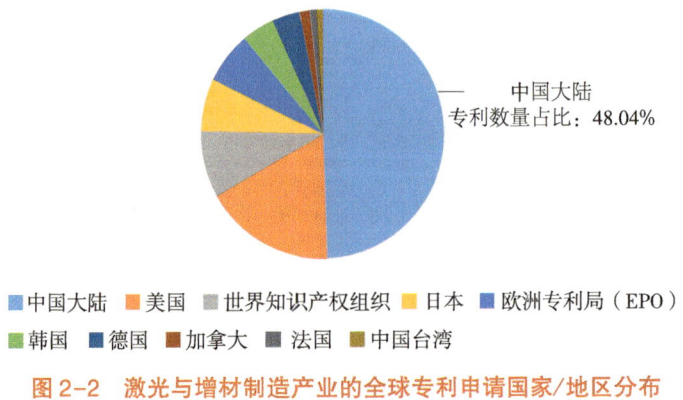

图 2-2　激光与增材制造产业的全球专利申请国家/地区分布

从图 2-1 可以看到，激光与增材制造产业方面的专利在 2011 年以前还处于萌芽阶段，专利申请的年申请量平均维持在 10 件左右，该阶段激光与增材技术还处于探索阶段；在 2011—2013 年的两年时间内，激光与增材制造产业方面的专利申请量才开始有明显的提升，这个阶段激光与增材技术有了一些基础性的突破，由此带来了人们对 3D 打印技术多种应用场景的前瞻性探讨，这期间美国通用电气公司率先进行了大量的激光与增材制造的基础性技术专利布局；2013—2018 年（2019—2023 年因公开数据延迟导致数据不准确），激光与增材制造方面的专利申请量呈爆发式增长，可见人们对激光与增材技术的应用前景看好，中国也是从 2014 年开始大量布局激光与增材技术方面的专利申请。从图 2-2 可以看出，中国大陆的申请量几乎占到全球总申请量的一半，而其他地区的激光与增材技术专利主要集中在美国、日本、韩国、德国。

第 3 章　激光与增材制造产业的全球专利重要申请人

截至 2023 年 5 月，全球激光与增材制造的国外申请人全球申请量排名和国内申请人的国内申请量排名如图 3-1、图 3-2 所示。

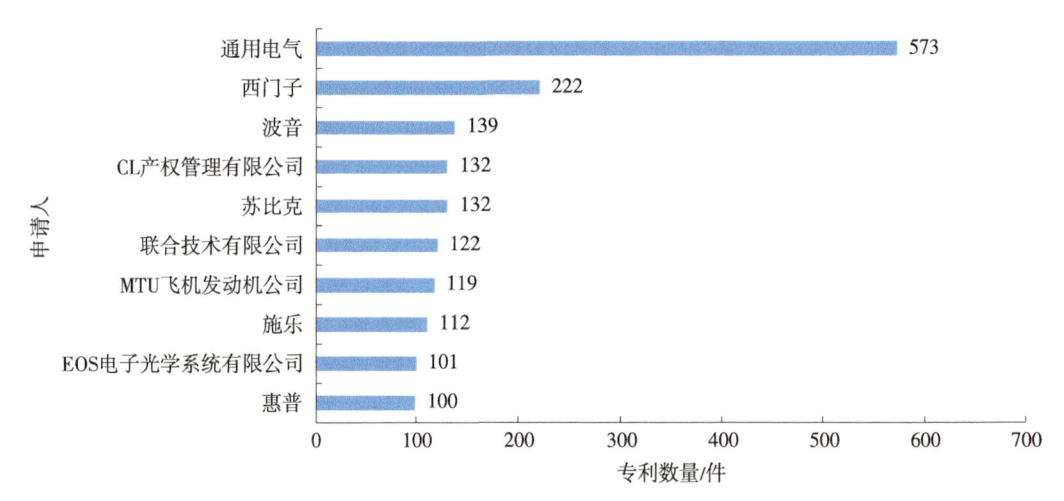

图 3-1　激光与增材制造技术专利的国外申请人全球申请量前 10 名

申请人	专利数量/件
通用电气	573
西门子	222
波音	139
CL产权管理有限公司	132
苏比克	132
联合技术有限公司	122
MTU飞机发动机公司	119
施乐	112
EOS电子光学系统有限公司	101
惠普	100

图 3-2　激光与增材制造技术专利的国内申请人国内申请量前 10 名

申请人	专利数量/件
华中科技大学	252
华南理工大学	211
西安交通大学	152
中南大学	139
湖南华曙高科技股份有限公司	113
上海交通大学	103
北京科技大学	97
南京航空航天大学	96
吉林大学	85
广东汉邦激光科技有限公司	81

从图 3-1 可以看出，激光与增材制造的国外申请人中通用电气遥遥领先，第 2 名

西门子也遥遥领先后面的申请人，可以说通用电气和西门子在激光与增材制造方面是主要的申请人。而在国内，由图 3-2 可知，国内申请人主要是高校申请人，其中华中科技大学和华南理工大学分列前两名，但也没有与第 3~5 名拉开很大差距。对比图 3-1、图 3-2 可知，国内的激光与增材制造技术主要是高校参与，涉及的企业不多，而高校的专利技术在向商用转化的过程中可能会遇到一些困难，高校的技术真正转化为现实的产品还需要一个过程。

第 4 章　激光与增材制造产业的主要发明人

截至 2023 年 5 月，全球激光与增材制造技术专利的国内主要发明人排名如图 4-1 所示。

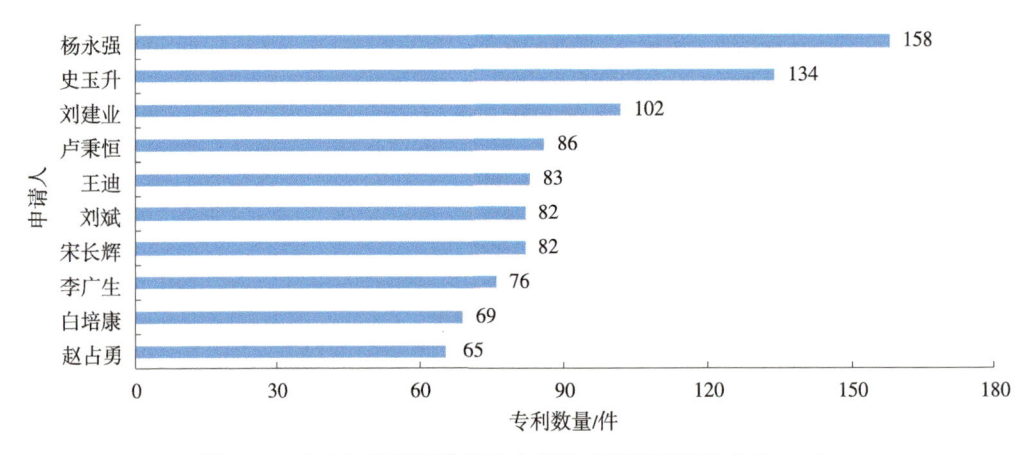

图 4-1　激光与增材制造技术专利的中国主要发明人前 10 名

申请人	专利数量/件
杨永强	158
史玉升	134
刘建业	102
卢秉恒	86
王迪	83
刘斌	82
宋长辉	82
李广生	76
白培康	69
赵占勇	65

从图 4-1 可以看出，杨永强、史玉升分别排名第 1 位和第 2 位，处于第一档。其中杨永强也是作为多个申请人的激光与增材技术专利的发明人，其中主要申请人均为华南理工大学，公开资料显示杨永强为华南理工大学教授、博士生导师，主要从事激光快速成型制造、激光材料加工、焊接装备工艺方面的研究。

第 5 章　激光与增材制造产业的全球专利诉讼统计

截至 2023 年 5 月，全球激光与增材制造技术发生专利侵权诉讼的共有 289 件，其中地域分布和相关申请人排名分别如图 5-1、图 5-2 所示。

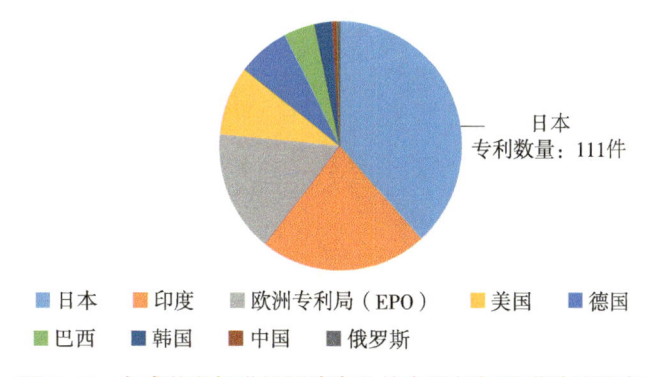

图 5-1　全球激光与增材制造产业的专利侵权诉讼地域分布

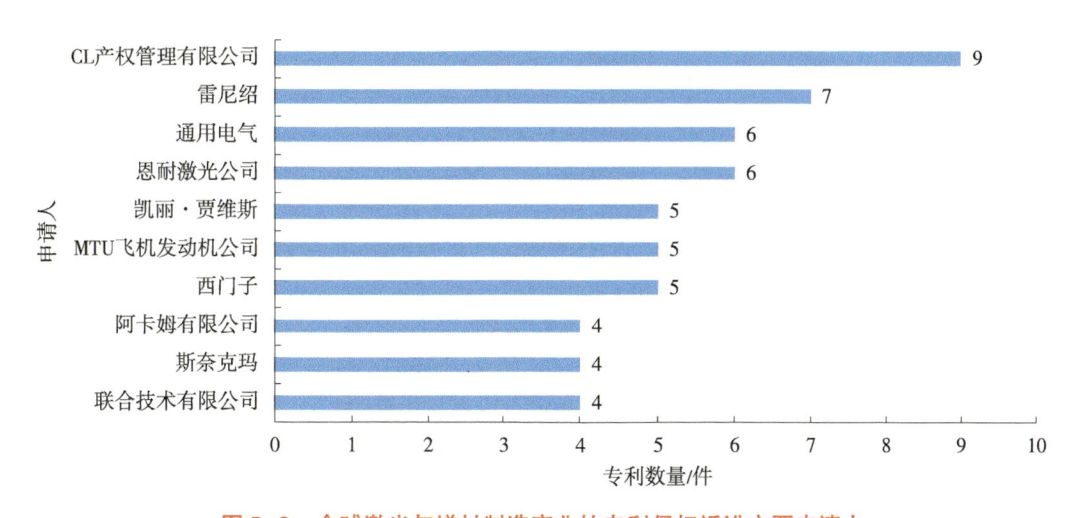

图 5-2　全球激光与增材制造产业的专利侵权诉讼主要申请人

从图 5-1 可知，激光与增材制造技术的专利侵权诉讼主要发生在日本、印度、美国、欧洲等地，相关专利的转让许可也比较频繁，而我国目前并没有相关侵权诉讼的发生，主要是一些转让和少量许可。这可能与国内专利诉讼案件的整体环境和技术发展程度以及国外申请人的国内布局数量不多有关。从图 5-2 中可以看到，涉及诉讼的申请人的案件也并不多，基本在几件左右，但可以想象，未来激光与增材制造技术的大量应用，对制造业的影响力增大，各国申请人为抢占市场地位，相关侵权纠纷也会逐渐增多。

第 6 章　总结与建议

广东省是国内最大的激光与增材制造产业集聚区，产业规模和企业数量均占全国30%以上。产业链各环节不断完善，形成了激光与增材制造材料、扫描振镜、激光器、整机装备、应用开发、公共服务平台等协同发展的产业链。但是，部分领域高度依赖进口，特别是特种光纤、激光芯片、扫描振镜、激光器、高端装备等的关键材料和核心零部件，在逆全球化、中美经贸摩擦等背景下，高端环节受限风险激增，产业向高端发展存在较大压力。同时，精密激光智能装备、增材制造装备等自主研发的产品与国外先进水平存在较大差距，总体上处于全球产业链、价值链的中低端，产品质量和可靠性有待提高。

通过对激光与增材制造的全球专利的整体情况进行分析可知，激光与增材制造产业国内外专利布局已经有一定的规模，国外申请人主要是企业申请人，而国内主要是高校申请人，这也是我国激光与增材制造产业处于全球产业链中低端的一种体现，如何将国内高校的激光与增材制造专利技术应用到实际产业中去，是当前国内产业急需解决的问题。

对于国内激光与增材制造产业发展应加强高校和企业的合作，积极推动产学研等相关项目的落地，同时，重点关注高校重点发明人的技术成果转化以及人才引进工作。另外，国内还没有相关专利的侵权诉讼案件，虽然国外有一些专利侵权诉讼案件，但数量并不多，考虑到激光与增材制造技术作为一个新技术，其在将来的应用场景中具有多元化特点，应做好准备，把控好专利文件质量，做好风险排查，在竞争中寻求合作，以更好地应对将来可能发生的侵权诉讼风险。

新能源汽车产业专利分析报告

邓小龙　张　帆　赵　飞

广东省知识产权保护中心

2014年5月，习近平总书记在上汽集团考察时指出，发展新能源汽车是我国从汽车大国迈向汽车强国的必由之路。要加大研发力度，认真研究市场，用好用活政策，开发适应各种需求的产品，使之成为一个强劲的增长点。

2020年11月，国务院办公厅印发《新能源汽车产业发展规划（2021—2035年）》，要求深入实施发展新能源汽车国家战略，推动中国新能源汽车产业高质量可持续发展，加快建设汽车强国。

为深入贯彻落实《知识产权强国建设纲要（2021—2035年）》，结合《广东省人民政府关于培育发展战略性支柱产业集群和战略性新兴产业集群的意见》（粤府函〔2020〕82号）等文件精神，汽车产业集群作为广东省十大战略性支柱产业集群之一，要坚持传统与新能源汽车共同发展，推广新能源及智能网联汽车，扩大高端车型比例，提升新能源车比重。本报告从专利分析的角度，做好知识产权服务，为广东省新能源汽车产业集群创新发展提供一些对策建议。

通过本次专利分析，全景揭示全球新能源汽车产业整体专利布局，以及近景聚焦广东省在新能源汽车产业中的定位，为广东省在新能源汽车产业中实现产业结构优化升级、企业培育引进、技术创新和人才培养、专利协同创新及管理运营，提供科学具体的决策建议，助推广东省新能源汽车产业创新驱动和高质量发展。

第1章 新能源汽车产业简介

新能源汽车产业是指从事新能源汽车生产与应用的行业。

新能源汽车是指采用非常规的车用燃料作为动力来源（或使用常规的车用燃料、采用新型车载动力装置），综合车辆的动力控制和驱动方面的先进技术，形成的技术原理先进、具有新技术和新结构的汽车。

新能源汽车包括四大类型：混合动力电动汽车（HEV）、纯电动汽车（BEV，包括太阳能汽车）、燃料电池电动汽车（FCEV）、其他新能源（如超级电容器、飞轮等高效储能器）汽车等。

非常规的车用燃料指除汽油、柴油之外的燃料。

第 2 章　新能源汽车产业技术分支

新能源汽车产业技术分支，如表 2-1 所示。

表 2-1　新能源汽车产业技术分支

一级技术分支	二级技术分支
新能源汽车产业	整车制造
	装置配件制造
	相关设施制造
	相关服务

第 3 章　新能源汽车产业专利分析策略

本报告按照《战略性新兴产业分类与国际专利分类参照关系表（2021）（试行）》的指导意见，将新能源汽车产业划分为整车制造、装置配件制造、相关设施制造和相关服务四个技术领域，以及增加关键技术领域，并从专利申请趋势、地域分布、重点申请人、发明人和技术构成等多个维度，分别对全球、中国和广东的公开专利进行态势分析。

本报告的专利数据检索策略如下：

检索对象为新能源汽车整体行业及其重点分支；

检索时间区间（以专利文献公开日界定）：2000 年 1 月 1 日至 2022 年 12 月 31 日；

检索范围为全球公开专利文献；

检索工具为 incoPat 全球科技分析运营平台。

第4章 新能源汽车产业专利分析

4.1 全球及中国专利现状

统计结果显示，共检索到新能源汽车产业全球专利申请781485件，经简单同族合并后为603715项，平均每个技术方案申请1.29件专利。如图4-1所示，近20年来，新能源汽车产业全球专利申请数量总体上一直在增长，尤其自2015年开始快速增长。但受新冠疫情等因素影响，2021年、2022年新能源汽车产业全球专利申请量有所下降。

图 4-1　新能源汽车产业全球专利申请趋势

如图4-2所示，从专利布局的主要国家/地区来看，中国受理已公开的专利总计已有288144件，排名全球第1位。其次是日本156292件、德国118231件、美国63641件和韩国49984件。

图4-2 新能源汽车产业全球专利申请量排名前5位国家的对比（单位：件）

中国是全球新能源汽车行业领域最大的专利来源国以及专利市场国，而日本、德国、美国和韩国的专利储备同样也较多。新能源汽车行业领域近年来全球专利布局主要聚焦在驱动系统、制动系统、混合动力汽车、驱动电机、动力电池以及充电桩或充电系统等关键技术方向上。参见图4-3，在全球专利申请量排名前15位的申请人中，日本企业7家，德国企业4家，法国企业1家，美国企业1家，韩国企业2家，中国企业暂无。日本企业占据前15位中的7位，且排名第1位的日本丰田汽车公司的申请量17288件是排名第2位的韩国现代汽车公司10662件的1.6倍。因此，日本是新能源汽车领域中影响力最大的技术创新主体国家。

图4-3 新能源汽车产业全球专利申请量排名前15位的申请人

中国的新能源汽车产业虽然起步较晚，但在近10年主导全球新能源汽车产业专利申请的上升趋势，是近年来新能源汽车产业市场发展的主导力量。中国在2000年后开始快速发展，并于2010年后迅速成为该领域专利布局的主要国家之一，2020年达到年度最高的专利布局数量，46671件。参见图4-4，中国专利申请中，江苏、广东、浙江、北京和安徽5个地区新能源汽车产业领域在中国的专利申请量分别为41010件、37375件、25873件、20898件和17211件，占据全国的前5名。龙头企业主要有比亚迪公司、北汽集团、奇瑞汽车、吉利汽车和上汽集团等。

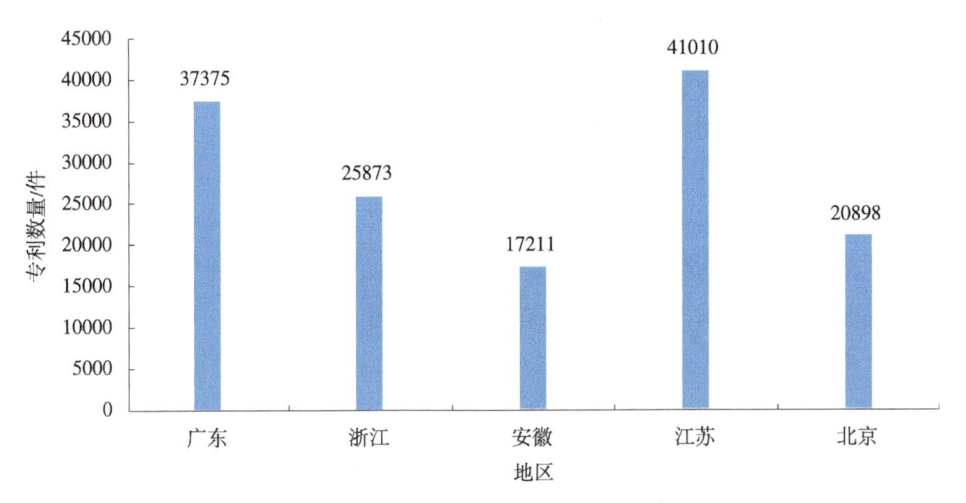

图4-4 新能源汽车产业专利申请全国排前5名的地区分布

4.2 广东省行业专利特点

统计结果显示，广东省在中国的专利申请量为37375件，占全国的11.4%，仅次于江苏。在该37375件专利中，有效专利占75.6%，在全国前10位的省市中占比最大。广东是全国新能源汽车行业技术研发实力最强的地区，也是全国行业发展的主导力量。

参照图4-5，广东省内，以深圳为代表，专利申请共计16761件，是广东省新能源汽车产业创新发展的主导力量；其次是广州和东莞，分别为8972件和3205件，并以佛山（2213件）、珠海（1731件）、惠州（1111件）、中山（1000件）等地市作为辐射范围，珠三角区域的专利申请总量占全省申请量的90.28%；除汕头530件、江门507件外，其余大部分粤东和粤西地区的专利申请量均在500件以下，研发实力较弱，广东产业领域的集群效应很强，其创新能力与地区经济发展水平密切相关。

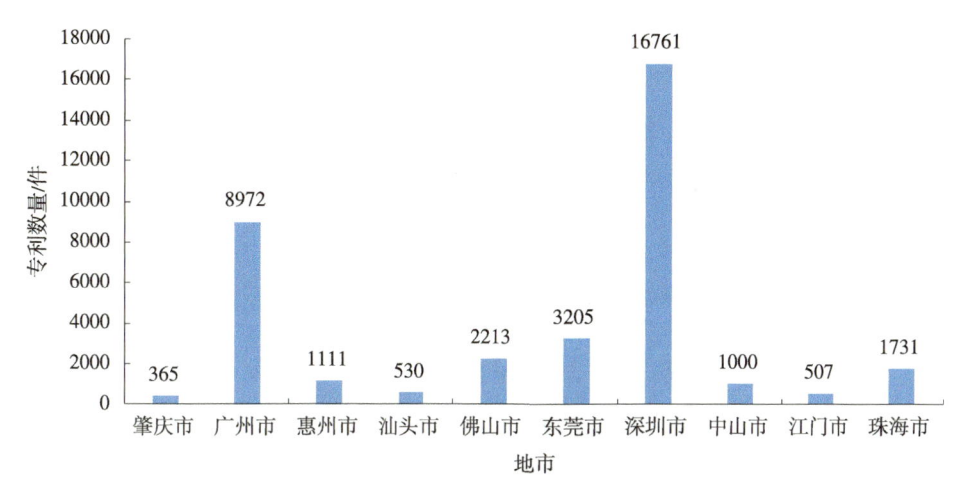

图 4-5　新能源汽车产业专利申请广东省内分布

4.3　优势及机遇

广东省新能源汽车行业企业数量多、整体规模大，研发实力相对较强。

（1）广东在混合动力汽车、动力电池和充电设施三个技术方向上排名全国第 1，专利申请量分别为 2603 件、2546 件和 3885 件，在全球的专利技术分布较多，很大程度上掌握着中国新能源汽车未来发展方向的主动权。

（2）在电动汽车以及驱动电机两个技术方向上，广东省的专利布局同样较多，分别为 6761 件和 2161 件，仅次于江苏，拥有丰富的设备研发和生产资源。

4.4　劣势及挑战

（1）从全国范围来看，广东在燃料电池汽车、车身轻量化以及电控系统三个方向上的专利布局较为欠缺，与其他技术分支存在一定差距。

从全球范围来看，在燃料电池汽车、驱动电机和电控系统上，中国与世界领军水平还存在一定差距。如图 4-6 所示，在燃料电池汽车上，中国、日本、德国、美国和韩国的专利来源数分别为 2841 件、7551 件、4080 件、4504 件和 3007 件，中国和日本、德国、美国存在较大差距；在驱动电机上，中国、日本、德国、美国和韩国的专利来源数分别为 20335 件、22476 件、59278 件、10052 件和 5124 件，中国和德国存在较大差距；在电控系统上，中国、日本、德国、美国和韩国的专利来源数分别为 4263 件、8934 件、1411 件、896 件和 926 件，中国与日本的差距较大。

国家	燃料电池汽车专利数量	驱动电机专利数量	电控系统专利数量
中国	2841	20335	4263
日本	7551	22476	8934
德国	4080	59278	1411
美国	4504	10052	896
韩国	3007	5124	926

图 4-6　中国、日本、德国、美国和韩国三项专利数量对比（单位：件）

（2）中国新能源汽车专利技术对外输出仅占 1%，远低于美国（48%）、德国（35%）、日本（37%）等发达国家。这反映出，相对其他主要国家/地区，广东乃至全国申请人的海外专利布局意识较弱，全球化专利布局力度严重不足。

（3）广东省拥有专利申请的新能源汽车企业超过 500 家，平均专利申请量约 42 件；申请总量在平均值以上的企业仅有 36 家，100 件以上的企业仅 11 家，200 件以上的企业仅 5 家，300 件以上的企业仅 4 家，1000 件以上的只有比亚迪一家，企业之间的知识产权保护意识差距较大。

第 5 章　总结与建议

（1）推动建设产业联盟，培育行业龙头企业。

广东省应推动建立以比亚迪、广汽集团、德昌电机、沃特玛电池、小鹏汽车等企业为核心的产业联盟，依托上述企业拥有的技术与市场资源，通过企业合作交流、并购重组等方式组建产业集群，构筑和运营产业专利池，建立技术资源共享和技术联合创新机制，培育出既具有行业号召力和示范效应，又具有自主创新和市场品牌优势的龙头企业，从而增强广东省在全国乃至全球新能源汽车领域的整体竞争力和话语权。

（2）积极学习外部经验，开展技术交流合作。

广东省企业应积极追踪北汽集团、丰田公司、日产公司、通用汽车、现代公司等国内外行业头部企业的先进技术，或收购，或借助地方科技交流等方式开展技术合作。政府可在地方招商引资与地市合作重大项目评审过程中，将这些具有技术优势的企业纳入重点考查范围，给予一定的优惠政策和指标倾斜，吸引头部企业进驻，以提高广东省新能源汽车行业的创新活力和品牌影响力。

（3）加大人才引进和培养力度，激励创新创业。

我国已经拥有一支具备一定规模且经验丰富的新能源汽车技术人才队伍。广东省企业及相关部门，应对这些人才给予重点关注，在加强对省内人才培养和研发经费支持的同时，充分利用广东省良好的创新创业政策和环境，出台激励机制和保障措施，吸引和聚集省外、国外创新技术人才，尤其是针对个体专利权人，可通过专利质押融资、专利许可转让、专利作价入股等手段，激励、激活个体专利权人在行业内创新、创业，以此提高广东省新能源汽车行业技术创新的活跃度。

核磁共振成像产业专利信息简报

孟祥宏　赵　飞

广东省知识产权保护中心

2020年,广东省科学技术厅、广东省发展和改革委员会、广东省工业和信息化厅、广东省商务厅、广东省市场监督管理局联合印发《广东省培育精密仪器设备战略性新兴产业集群行动计划（2021—2025年）》,为贯彻省委、省政府关于推进制造强省建设的工作部署,推动省内精密仪器设备战略性新兴产业集群加速发展,通过分析核磁共振成像产业专利态势,为产业集群内的企业创新发展等决策提供参考。

第1章 核磁共振成像产业简介

磁共振成像（Magnetic Resonance Imaging，MRI）是利用人体组织中某种原子核的核磁共振现象，将所得射频信号经过电子计算机处理，重建出人体某一层面图像的诊断技术。核磁共振成像是继CT后医学影像学的又一重大进步。自20世纪80年代应用以来，得到快速的发展。

MRI提供的信息量大大超过医学影像学中的其他许多成像术，它可以直接作出横断面、矢状面、冠状面和各种斜面的体层图像，不会产生CT检测中的伪影，还具有不需注射造影剂、无电离辐射、对机体没有不良影响等潜在优势。MRI对检测脑内血肿、脑外血肿、脑肿瘤、颅内动脉瘤、动静脉血管畸形、脑缺血、椎管内肿瘤、脊髓空洞症和脊髓积水等颅脑常见疾病非常有效，同时对腰椎间盘后突、原发性肝癌等疾病的诊断也很有效。

1983—1984年，美国食品和药物管理局（FDA）批准了4家公司生产的MRI机器上市，这标志着核磁共振成像技术的基本成熟和MRI商品阶段的开始。1989年，国产0.15T临床磁共振成像设备由中国科学院电工研究所、声学研究所等联合科健公司开发成功。

自1984年美国FDA批准医用磁共振成像设备用于临床以来，医用磁共振设备市场已历经了30多年的发展。目前，MRI设备市场已达到几十亿美元的规模，世界上MRI设备的装机台数从1984年的75台增加到上万台。2015—2019年，全球磁共振成像系统市场规模逐年增长，2019年约为63亿美元，如图1-1所示（其中2020年数据不准确）。

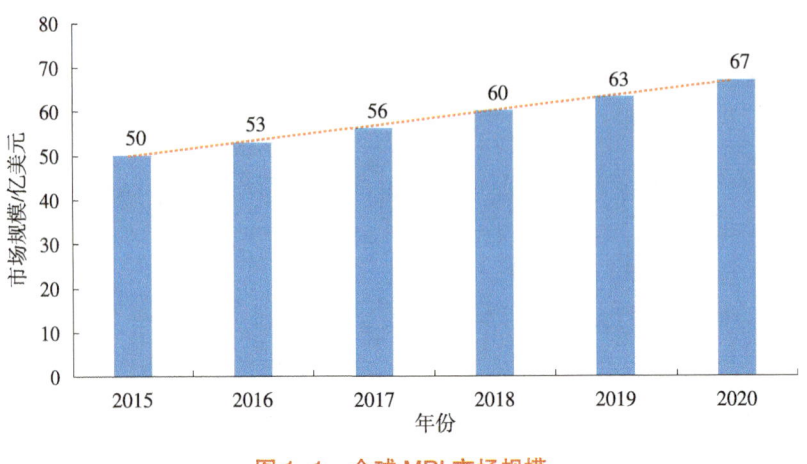

图 1-1 全球 MRI 市场规模

我国 MRI 设备保有量从 2016 年的 7307 台增长至 2020 年的 10713 台（见图 1-2），2016—2020 年 CAGR（复合年均增长率）为 10%[1]。

图 1-2 我国 MRI 设备保有量

目前，国内 MRI 市场基本上被国外公司垄断，价格昂贵，大多数中、小医院资金上较难承担。据统计，2020 年 Siemens、GE、Philips 三大厂商 MRI 销售额合计占比达 72%，国内企业 MRI 销售额占比仅 28%，如图 1-3 所示。

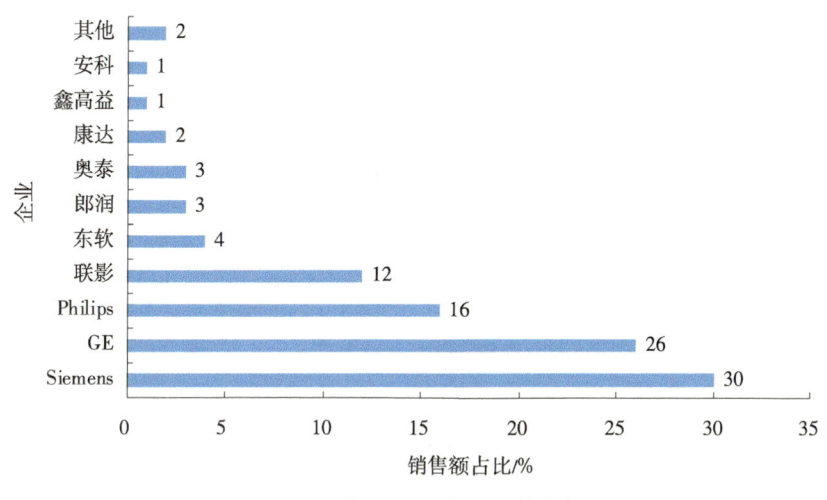

图1-3 我国MRI各企业销售额

企业	销售额占比/%
Siemens	30
GE	26
Philips	16
联影	12
东软	4
郎润	3
奥泰	3
康达	2
鑫高益	1
安科	1
其他	2

目前超高场强、超快速、超极化和超灵敏MRI等一大批尖端技术不断涌现，并与大数据、人工智能、诊疗一体化等其他领域中的先进技术相互融合用以提高MRI的成像质量以及使用效率。

第 2 章　核磁共振技术分支

核磁共振成像设备主要由以下几个部分组成：

（1）磁体系统：用于产生磁场。

（2）梯度系统：为磁共振成像提供三维空间定位。

（3）射频系统：用于激发检测部位并收集磁共振信号。

（4）谱仪系统：负责产生、控制序列的各个环节并协调运行，如射频的发射时序、梯度的配合施加时序等。

（5）计算机系统：包括主控计算机、图像显示、检查床及射频屏蔽、磁屏蔽、UPS（不间断电源）、冷却系统等，其作用是保证自检查开始到获得 MR 图像的过程能井然有序、精确无误地进行。

本报告按照核磁共振设备的组成进行技术划分，MRI 产业技术分支如表 2-1 所示。

表 2-1　MRI 产业技术分支

一级技术分支	二级技术分支
MRI	磁体系统
	梯度系统
	射频系统
	谱仪系统
	计算机系统

第 3 章 核磁共振产业专利总体态势

3.1 MRI 产业总体申请趋势

本报告数据在 incoPat 中使用 IPC、CPC、关键词进行和/或检索（见表 3-1），检索截止日期为 2022 年 12 月 31 日。

表 3-1　MRI 产业专利检索方法

IPC	CPC	关键词
A61B5/055、A61B5/0522、G01R33、G06T、G01N24	A61B5/0522、A61B5/055、G01R33、G06T2207/10088、G06T2207/10092、G06T2207/10096、A61B5/0033、A61B5/0035	磁共振,"magnetic resonance",MRI,fMRI,"Magnetic induction tomography",磁体,magnetic,核磁,MR,MRS,MRSI,NMR,sMRI

截至 2022 年 12 月 31 日，全球共公开 98619 件专利，图 3-1 所示是 2000—2022 年 MRI 产业专利的申请趋势，在 2000—2009 年，全球 MRI 的专利申请保持了较为平缓的发展，在 2009 年以后 MRI 申请进入快速发展期。其他国家或地区同样维持了类似的发展趋势，此外，美国与日本近 20 年均维持相对较高的申请量，而中国则是从 2012 年开始维持相对较高的申请量。美国与日本是 MRI 产业发展较早的国家，其分别有 GE 医疗、日立、东芝等传统医疗器械厂商，并且美国是全球最大的医疗器械消费国家，随着中国经济的发展，中国从 2010 年以后对 MRI 设备的需求增加，传统的 MRI 厂商开始在中国布局专利，从而使得中国专利申请量上升。

图 3-1　MRI 产业专利申请趋势

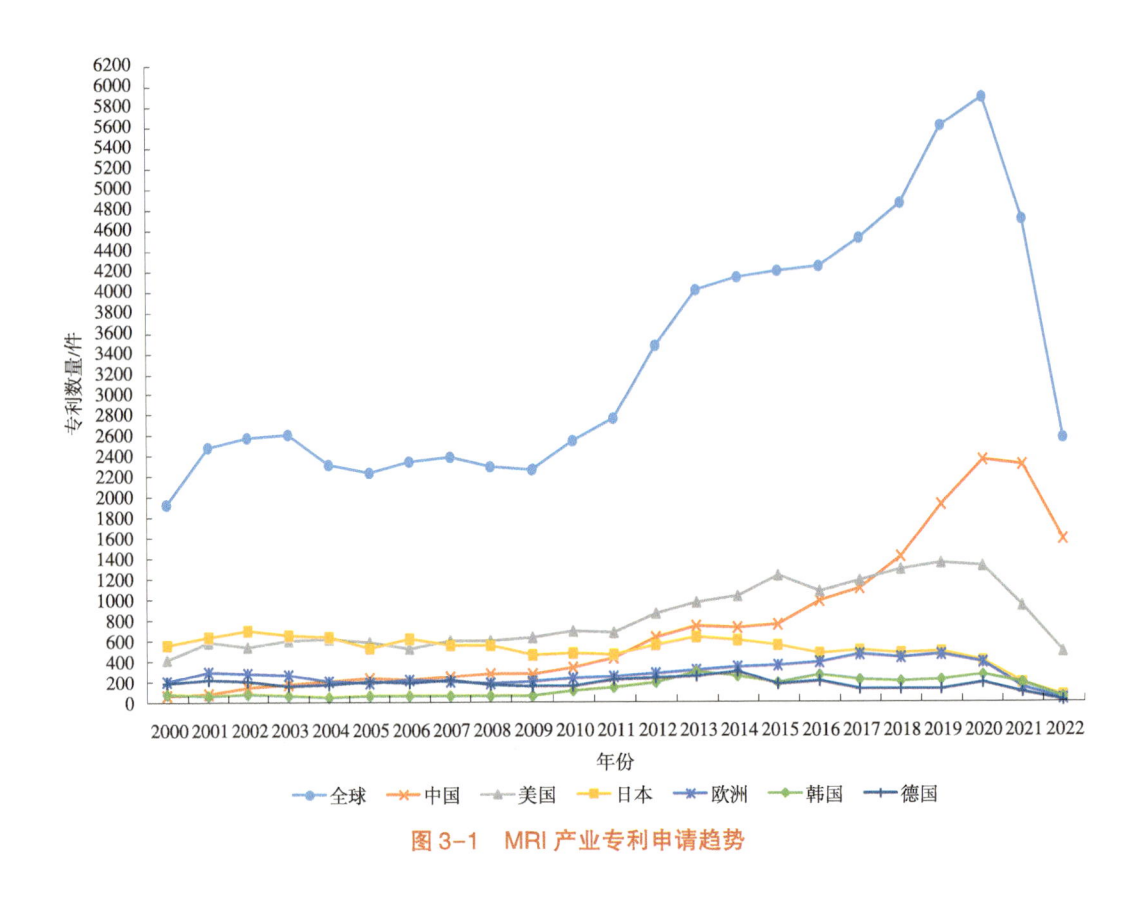

3.2　涉及大数据及人工智能的 MRI 申请

图 3-2 是涉及大数据、人工智能近 20 年的全球申请趋势，从图 3-2 可以发现，伴随着人工智能、大数据的发展，相关专利申请从 2014 年开始呈现爆发式发展，其中尤其以中国的申请量最大。美国是大数据以及人工智能的技术发源地，最早将人工智能及大数据引入医疗信息领域。随着大数据及人工智能领域在中国的应用，特别是在互联网等领域产生巨大的经济效益后，借助中国的医疗机构的大量医疗信息，大量的企业以及科研机构开始将大数据及人工智能技术与医疗信息进行结合，开始进行医疗辅助技术的研究。

图 3-2 涉及大数据及人工智能的 MRI 申请

3.3 MRI 产业申请人国家/地区

从图 3-3 可以看出，美国的申请量占比最大，达到 22.71%，在该领域拥有雄厚的实力，专利布局也非常完善。排名第 2 位的是日本，排在第 3 位、第 4 位的分别是中国和德国。美国、日本、德国、荷兰均有对应的大型 MRI 厂商，例如美国的通用电气（GE），日本的东芝、日立、岛津、jeot 等，德国的西门子，荷兰的飞利浦，均有不俗的技术实力，也有相应的专利布局；而中国目前主要的 MRI 厂商则是联影、东软，但其整体技术实力相对于传统的 MRI 厂商仍有待提高。

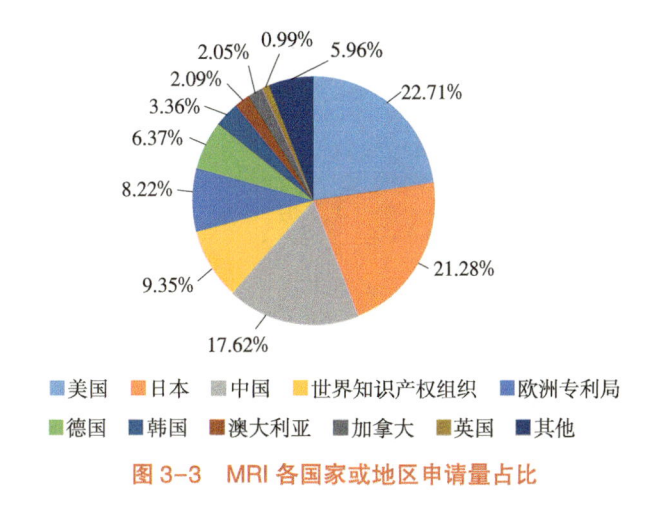

图 3-3 MRI 各国家或地区申请量占比

3.4 MRI 全球申请人排名

从图 3-4 可以看出，全球 MRI 的主要申请人为传统 MRI 巨头（如西门子、飞利浦、通用电气、日立、东芝、岛津等），中国有联影。但从该图也可以看出 MRI 领域的技术壁垒较大，主要的厂商均为在该领域耕耘很久的厂商。

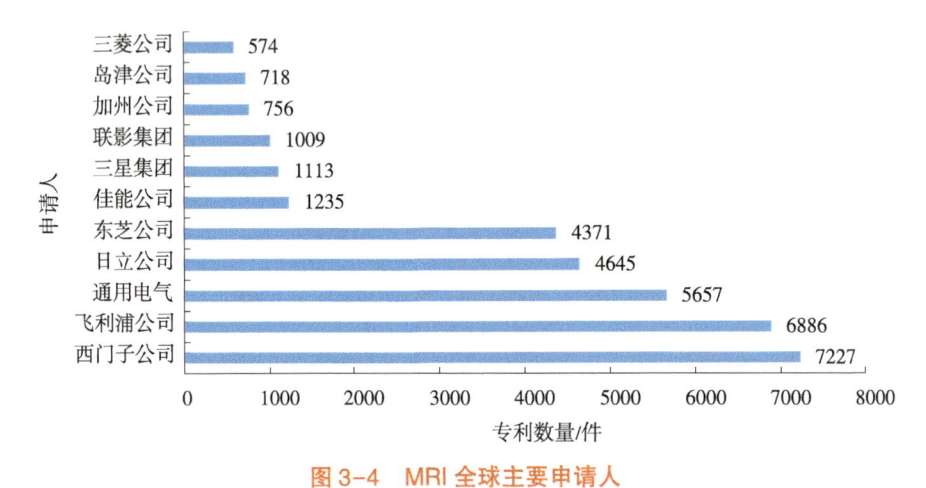

申请人	专利数量/件
三菱公司	574
岛津公司	718
加州公司	756
联影集团	1009
三星集团	1113
佳能公司	1235
东芝公司	4371
日立公司	4645
通用电气	5657
飞利浦公司	6886
西门子公司	7227

图 3-4 MRI 全球主要申请人

3.5 MRI 中国申请人排名

结合图 3-4 以及图 3-5 可以看出，在中国主要的 MRI 申请人仍然是传统的国际 MRI 厂商，国内的厂商只有联影、中科院所。

申请人	专利数量/件
天津大学	94
清华大学	96
电子科大	102
上海交大	110
三星集团	115
复旦大学	121
浙江大学	156
中科院所	168
东软集团	172
日立公司	212
中国科学院深圳先进技术研究院	351
东芝公司	370
通用电气	539
飞利浦司	831
联影集团	841
西门子公司	1564

图 3-5 MRI 中国申请人排名

3.6 MRI 中国专利各地区排行

从图 3-6 可以看出，MRI 申请主要集中在广东、上海、北京、江苏，上述省市均有对应的 MRI 厂商且相应的科研院所的研发实力也不错。

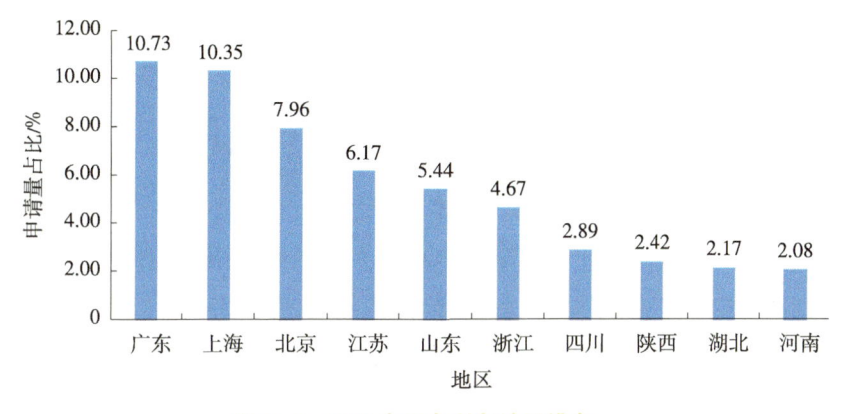

地区	申请量占比/%
广东	10.73
上海	10.35
北京	7.96
江苏	6.17
山东	5.44
浙江	4.67
四川	2.89
陕西	2.42
湖北	2.17
河南	2.08

图 3-6 MRI 中国专利各地区排名

从图 3-7 可以看出，广东申请人中，主要包括佛山瑞加图、迈瑞、贝斯达医疗、安科等医疗器械厂商，但大部分还是科研院所。

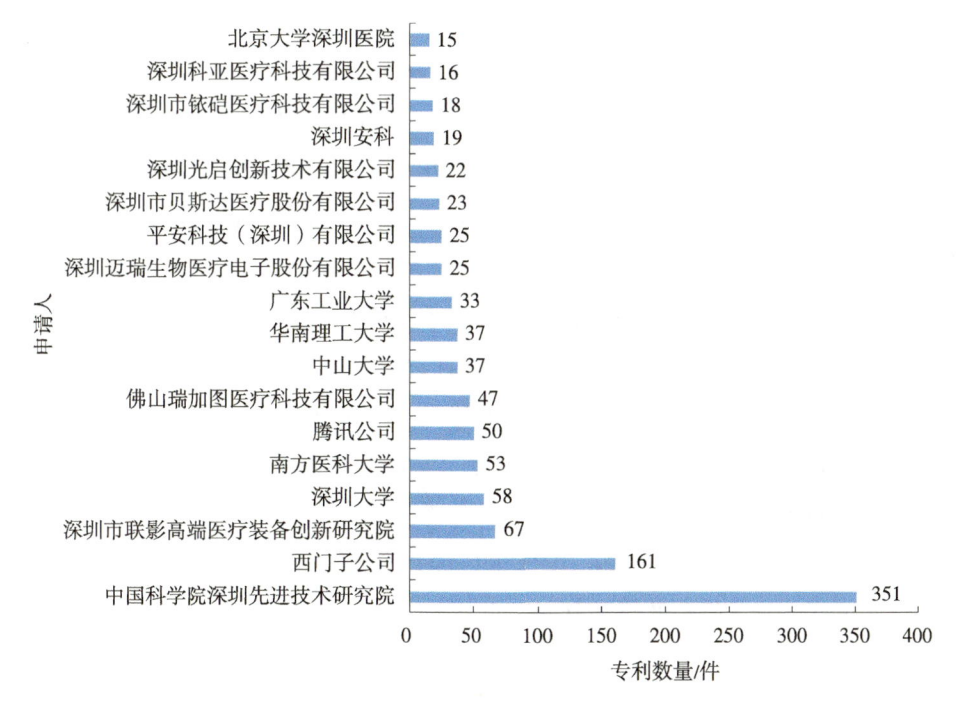

申请人	专利数量/件
北京大学深圳医院	15
深圳科亚医疗科技有限公司	16
深圳市铱砣医疗科技有限公司	18
深圳安科	19
深圳光启创新技术有限公司	22
深圳市贝斯达医疗股份有限公司	23
平安科技（深圳）有限公司	25
深圳迈瑞生物医疗电子股份有限公司	25
广东工业大学	33
华南理工大学	37
中山大学	37
佛山瑞加图医疗科技有限公司	47
腾讯公司	50
南方医科大学	53
深圳大学	58
深圳市联影高端医疗装备创新研究院	67
西门子公司	161
中国科学院深圳先进技术研究院	351

图 3-7 广东省主要申请人排名

第 4 章　总结与建议

目前中国已经是全球 MRI 产品的重要市场之一，且该类产品仍然有 70% 的市场是被外国厂商垄断的，国内企业要想实现该细分技术领域的国产替代，需要进一步在以下方面加大研发投入力度：

(1) 加大对 MRI 与大数据、人工智能等结合的研发。

分析可以发现，在 MRI 整体研发上主要还是以欧美的大厂为主，欧美厂商长期从事 MRI 设备的研发和市场推广，其市场占有率一直以来都非常高，并且能够通过获得较高的利润来支持其进行 MRI 基础技术和未来技术的研究与开发。但是，我国具有病例规模基数大、市场广的优势，每年会产生大量的医疗数据资源，而随着大数据、人工智能等在 MRI 方面的应用，可以显著提高 MRI 的临床使用体验。从本报告中的图 3-2 可以发现，我国一直以来在大数据、人工智能与 MRI 结合方面申请的专利数量较多，并且和欧美国家处于同一条起跑线，未来，随着国外前期大量基础专利技术的到期，国内企业可以在不断利用到期专利数据资源的基础上，将大数据、人工智能与 MRI 进行结合提高国产 MRI 设备的临床使用体验，以差异化与欧美厂商开展竞争，甚至取代欧美厂商的设备。

(2) 构建以企业为主体，以高校和科研院所为技术支撑，产学研结合的研发体系。

从专利数据可以发现，国内以及广东省内的高校和科研院所申请了大量的基础专利，说明我国的高校和科研院所有着较强的研发实力。随着 MRI 产业朝向高场强、超快速、超极化和超灵敏等方向发展，国内 MRI 设备企业因技术原因无法像欧美厂商一样获取足够的利润以投入对前沿技术的研究，通过加大企业与高校产学研合作，进一步明确解决具体"卡脖子"技术点上的难题，同时也可以将高校科研院所的"沉睡"专利进行快速的转移转化，破解企业的技术难题。

从专利角度看智能汽车软件产业发展态势

黄洁芳　赵　飞　王在竹　黄　菲

广东省知识产权保护中心

近年来，软件定义汽车（Software Defined Vehicle，SDV）已成为智能汽车产业的发展趋势。智能汽车研发流程从软硬件集成开发转变为软硬件解耦的单独开发，汽车软件深度参与到汽车生命周期的全过程。基于技术功能构成，智能汽车软件技术分为系统软件、应用软件两个一级技术分支。通过技术分解，在二级技术分支上，系统软件可细化为汽车软件系统架构、自动驾驶操作系统、智能座舱操作系统等，应用软件可细分为车联网软件、汽车场景算法、车载娱乐应用软件、智能座舱功能软件、数据地图软件等。目前，我国智能汽车软件产业增长以应用软件为主，系统软件为辅。软件和硬件在零部件层面解耦，使得传统车企、软件科技公司和互联网公司优势互补，共同参与到智能汽车软件新生态体系中。本文通过分析我国智能汽车软件技术发明专利发展态势，从专利布局、行业协作、成果转化等方面提出发展建议，助力智能汽车软件产业高质量发展。

第1章 专利申请整体概况

本文选择 incoPat 专利信息检索平台进行专利检索与分析。由于发明专利申请至公开一般有 18 个月的滞后期，因此，本文中 2021—2022 年相关数据不代表该年份的准确专利申请信息，仅供参考。经对智能汽车软件技术的全球发明专利进行统计分析发现，截至 2022 年 12 月底，智能汽车软件技术的全球发明专利为 203058 件。

中国作为全球最大的汽车消费国，智能汽车软件技术的发明专利公开数量最大，公开专利数量为 80486 件，在全球排名第 1 位。众多国内外申请人将中国作为智能汽车软件技术的重要专利布局地区，通过在中国布局智能汽车软件技术发明专利，以在未来的中国市场获得更多的知识产权竞争力。

1.1 中国发明专利申请概况

中国智能汽车软件技术发明专利申请趋势如图 1-1 所示。由图 1-1 可知，我国智能汽车软件技术发明专利一直维持增长趋势，尤其是近六年来，在持续扩张的消费需求和国家政策的大力支持下，智能汽车软件产业急速发展，智能汽车软件技术研发力度也不断加大。

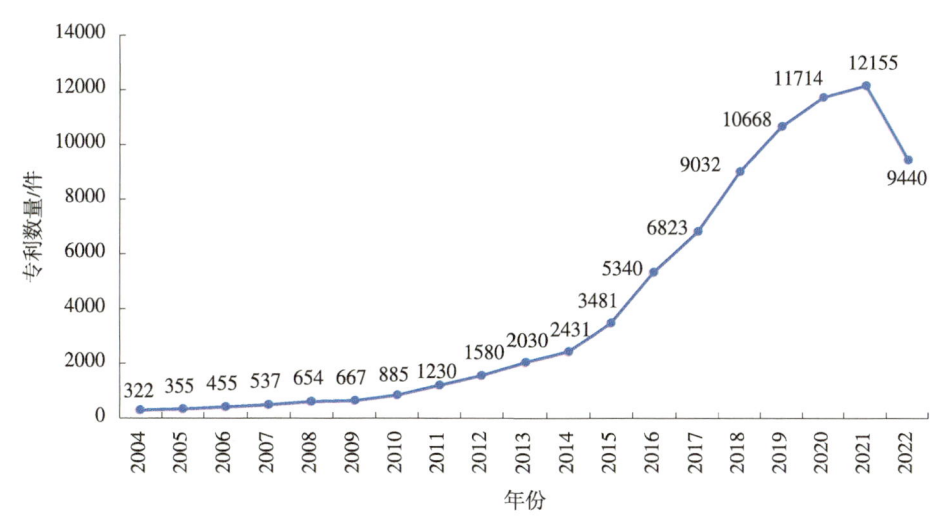

图 1-1 中国智能汽车软件技术发明专利申请趋势

智能汽车软件技术 2013—2022 年的专利生命周期图如图 1-2 所示，由图 1-2 可知，2013—2021 年，智能汽车软件技术的专利数量和申请人数量均保持逐年增加趋势。由此可见，智能汽车软件技术目前处于技术发展期，随着技术的快速发展和市场的不断扩张，越来越多的企业加入智能汽车软件技术的研发，使专利申请数量和申请人数量激增，智能汽车软件技术目前具有旺盛的生命力。2022 年由于部分专利公开不充分，故不参与讨论。

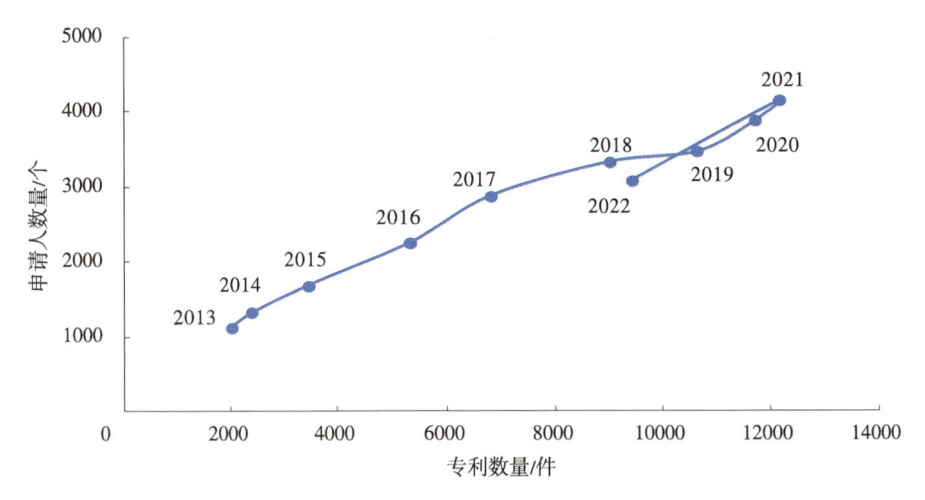

图 1-2　智能汽车软件技术的专利生命周期图

将智能汽车软件技术的专利申请按照中国省市分布进行统计分析可知，智能汽车软件技术的申请人主要分布在北京、广东和长江中下游地区（见图 1-3）。其中，北京地区的专利申请数量最多，为 12698 件，紧跟其后的是广东，其专利申请数量为 11995 件。北京和广东在智能汽车软件技术上的专利申请量不相伯仲，遥遥领先于其他省市。依托长江中下游城市群汽车产业优势，位于长江经济带上的江苏、上海、浙江、安徽、湖北、重庆和四川等省市均在智能汽车软件上发展迅速，专利申请数量均位列中国各省市专利申请量的前 10 名。其中，位于"汽车工业走廊"上的四大工业基地南京、上海、武汉和重庆所对应的省市即江苏、上海、湖北和重庆的专利申请量分别为 7605 件、6322 件、2640 件和 2262 件，排名分列第 3、第 4、第 7 和第 8。

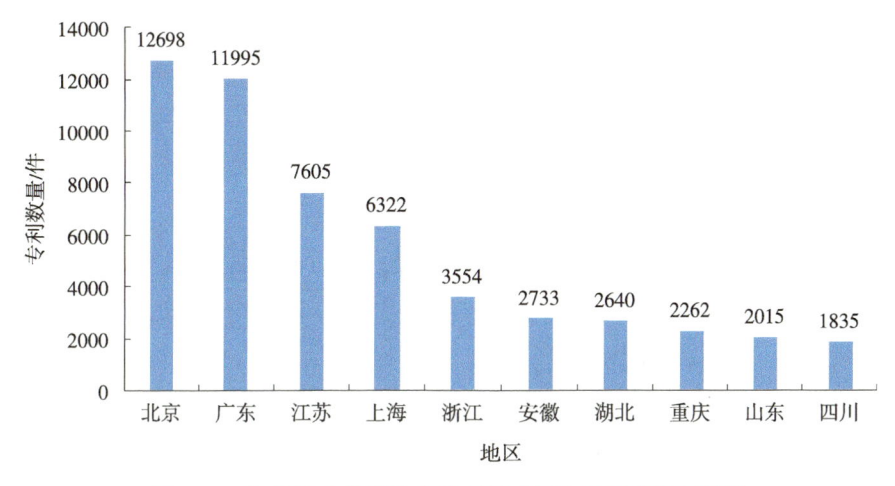

图 1-3　智能汽车软件技术专利的中国各地区申请量统计

对智能汽车软件技术的国内发明专利的主要申请人的专利申请情况进行统计，智能汽车软件技术专利排名前 20 位的国内主要申请人统计如图 1-4 所示。在智能汽车软件技术专利排名前 20 位的国内主要申请人中，车企占比为 65%，达到 13 家，互联网科技公司上榜 6 家，科研院校中仅有清华大学 1 家上榜。在前 20 位的国内主要申请人的专利数量中，车企的专利申请量为 8947 件，约占 59.5%，而互联网科技公司的申请量为 5668 件，约占 37.7%。

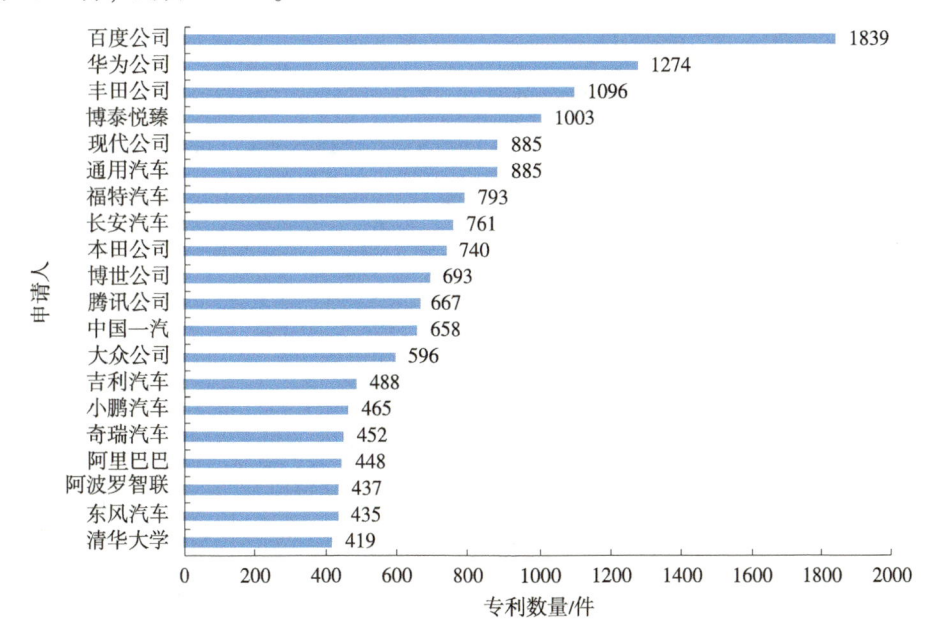

图 1-4　智能汽车软件技术专利排名前 20 位的国内主要申请人

从申请人类型来看，智能汽车软件技术主体整体上以车企为主。参与到智能汽车软件技术研究和专利布局的车企数量较多，国内外较为出名的车企如丰田公司、现代公司、通用汽车、福特汽车、本田公司、博世公司、大众公司等均有所参与。在前20位的国内主要申请人的车企中，绝大多数均为外资车企，长安汽车、中国一汽、吉利汽车、小鹏汽车、奇瑞汽车和东风汽车等国内车企虽然上榜前20名，但专利申请数量均落后于外资车企，除长安汽车排名第8外，其余国内车企排名均在10名开外。

从专利申请数量来看，百度公司排名第1位，专利申请量为1839件，华为公司排名第2位，专利申请量为1274件，大大落后于百度公司，博泰悦臻排名第4位，专利申请量为1003件，落后于丰田公司。博泰悦臻作为新兴的互联网科技公司，除了依靠自身研发实力申请智能汽车软件技术方面的专利，还通过购买、转让等方式吸收其他互联网公司在智能汽车软件技术方面的相关专利，从而快速壮大自身在智能汽车软件技术领域的竞争力。专利申请量前5位的申请人中，互联网科技企业占了3名，由此可见，互联网科技公司在智能汽车软件技术上拥有较多的自主知识产权，在推动智能汽车软件技术的发展上发挥着举足轻重的作用。进一步分析发现，百度公司主要在智能汽车软件技术的自动驾驶和地图导航领域做专利布局，着重关注驾驶自动化、驾驶安全和导航精确度。华为公司主要在自动驾驶和车联网通信上做专利布局，博泰悦臻则主要在智能汽车软件技术的应用层面做专利布局，关注于智能汽车的人机交互，着重于提高智能汽车的使用便利性和用户体验。

1.2　广东发明专利申请概况

广东省智能汽车软件技术专利排名前10位的专利申请人统计如图1-5所示，申请人主要分布在深圳和广州等地市。在前10位的专利申请人当中，深圳的申请人有5家，分别为华为、腾讯、欧珀移动（OPPO）、中兴和比亚迪；广州有4家，分别为小鹏汽车、广汽集团、文远知行和华南理工大学，惠州有1家，为德赛西威汽车电子股份有限公司。由此可见，相对于我省其他城市，深圳和广州在智能汽车软件技术领域的研发实力较强，且占据主导地位。

从广东省前10位的专利申请人的专利申请类型分布看，广东省在智能汽车软件技术领域的主要研发力量包括三大类：一是以华为、腾讯、欧珀移动等为代表的互联网科技公司，二是以小鹏汽车、广汽集团、比亚迪等为代表的车企，三是以华南理工大学等为代表的科研院校，智能汽车软件技术的专利申请主体集中在互联网科技公司和车企等产业界。在这些主要研发力量中，主力仍为互联网科技公司，广东省互联网科技公司在智能汽车软件产业领域上的专利布局明显比车企完善，汽车软件产业在前10的省内主要申请人的专利数量中，互联网科技公司的申请量为2647件，约占71.4%，车企的专利申请量为883件，约占23.8%。其中，第1名华为公司的专利申请数量为

1278 件,遥遥领先于省内车企和其他互联网科技公司。作为造车新势力的小鹏汽车,其专利申请数量为 468 件,排名第 3 位,远远超过作为传统车企的广汽集团和比亚迪。

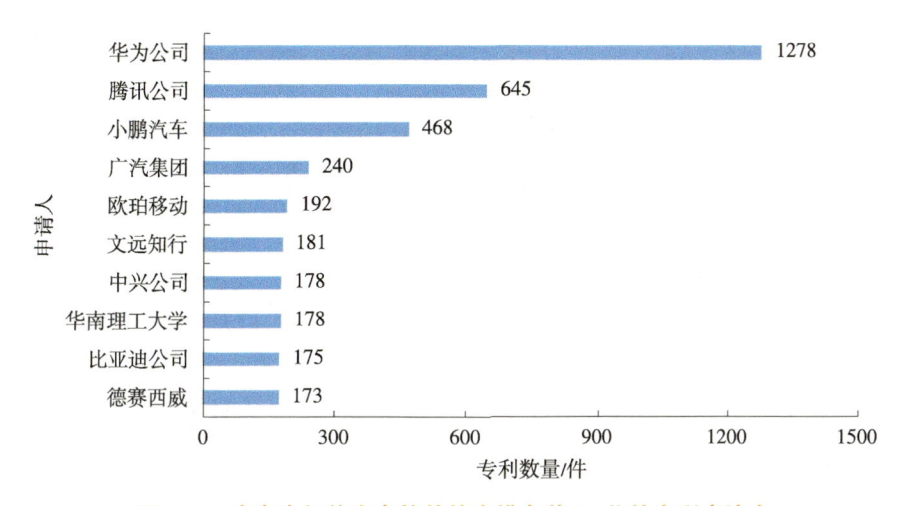

申请人	专利数量/件
华为公司	1278
腾讯公司	645
小鹏汽车	468
广汽集团	240
欧珀移动	192
文远知行	181
中兴公司	178
华南理工大学	178
比亚迪公司	175
德赛西威	173

图 1-5 广东省智能汽车软件技术排名前 10 位的专利申请人

第 2 章　发展建议

结合上述对智能汽车软件产业专利申请情况的分析，应从专利布局、行业协作、成果转化等方面发力，推动智能汽车软件产业高质量发展。

一是提升企业智能汽车软件技术专利布局意识。从车企来看，与外资车企相比，国内车企仍缺乏对于专利布局的重视程度。全球的智能汽车软件技术专利的主要申请人中多为汽车厂商，外资车企在多年前已经着手在全球范围内包括中国进行完善的智能汽车软件技术专利布局，国内车企普遍缺乏和国外竞争对手相抗衡的技术和专利。国内车企需要进一步增强专利布局意识，提升企业的自身创新水平。此外，国内车企还可以组成车企专利联盟，在联盟内部打造专利池，通过专利的交叉许可转让等方式，实现互利互赢，从而提升国内车企在智能汽车软件技术领域的整体创新实力和市场竞争力。从互联网科技企业来看，百度公司在智能汽车软件技术领域排名第 1 位，而且进军无人驾驶领域；同时华为、阿里巴巴等互联网科技公司也利用自身的发展优势布局智能汽车软件市场。然而，除了头部几家互联网科技公司进行专利布局，多数互联网科技公司一般都是通过购买、兼并、交叉许可等方式进行专利布局，缺少核心技术优势。国内互联网科技公司同样需要强化专利布局意识，培育一批高质量的专利，推动国内企业在智能汽车软件技术领域的整体创新。

二是加强传统车企与国内互联网科技公司的合作。国内的百度、阿里巴巴、腾讯、华为等互联网科技、通信公司均有意借助互联网技术、通信技术等研发优势进入智能汽车软件领域，然而由于行业壁垒等问题，传统车企与互联网科技、通信公司等在共同构造智能汽车软件产业链的过程中难免产生碰撞与摩擦。面对智能汽车软件技术这一集汽车、通信、软件、交通等于一体的产业领域，需要打破汽车、通信、软件、交通行业等之间的行业壁垒，通过国家支持、企业合作等方式让传统车企和互联网科技公司在智能汽车软件的车载系统、通信连接、车路协同等方面协力合作，共同建立完善的产业结构，构建未来城市智能驾驶生态圈。

三是推动高校、科研院所智能汽车软件技术专利成果转化。在智能汽车软件技术领域国内主要申请人中，以清华大学、华南理工大学等高校为代表的科研院校是一支不容小觑的主力军，它们既具备机器学习、模式识别等算法研究实力，又有较强的理论研究基础。可以充分利用科研院所理论研究优势，开展企业技术研发外包，推动企业与科研院所共同开发科研成果，实现高校、科研院所的专利成果转化。以市场为依托，整合优势资源，合理利用专利价值评估，提取科研院校的高价值专利在企业中进行针对性成果转化，促进产学研合作良性循环。

化妆品制造行业专利信息简报

傅 菁　赵 飞　赵秋芬

广东省知识产权保护中心

2020年广东省工业和信息化厅、广东省发展和改革委员会、广东省科学技术厅、广东省商务厅、广东省市场监督管理局联合印发《广东省发展现代轻工纺织战略性支柱产业集群行动计划（2021—2025年）》，为贯彻省委、省政府关于推进制造强省建设的工作部署，推动省内现代轻工纺织战略性支柱产业集群加速发展，通过分析现代轻工纺织产业之化妆品制造行业专利态势，为产业集群内的企业创新发展等决策提供参考。

第1章 化妆品制造行业简介

化妆品制造行业的销售规模和市场份额不断扩大,对社会经济的贡献也在不断提升。据统计,我国已成为仅次于美国的全球第二大化妆品消费国。中国化妆品制造行业既面临着发展的良好机遇,又面临着巨大的挑战与竞争压力。面对瞬息万变的市场,只有保持创新活力才能促进可持续发展。

自《广东省推动化妆品产业高质量发展实施方案》出台两年多来,政策环境与产业生态日益完善,广东省化妆品制造产业得以快速发展,企业创新能力与竞争力不断增强。当前,广东省化妆品工业总产值约2100亿元,约占全国总量的60%,位居全国第一,是全国化妆品重要生产地区,产业规模各项数据均占全国一半以上。截至2023年4月底,全省化妆品生产企业3100家,约占全国总量的56%;全省国产特殊化妆品注册品种11000多个,约占全国总量的66%;国产普通化妆品备案数量为88万多个,约占全国总量的76%;全省注册人/备案人数量8000多家,约占全国的65%[1]。此外,广东还是化妆品的集散批发中心,中国(广州)国际美博会已成为"亚洲第一,世界第二"的美博会。从产业集聚度来看,广州黄埔区"南方美谷"、白云区"白云美湾"、花都区"中国美都"、中山"中国化妆品之都"等园区结合地域特点打造了各具特色的产业集群。

第 2 章 化妆品制造行业技术分支

化妆品制造是指制造以涂抹、喷洒或者其他类似方法，撒布于人体表面任何部位（皮肤、毛发、指甲、口唇等），以达到清洁、消除不良气味、护肤、美容和修饰目的的日用化学工业产品。化妆品制造行业技术分支[2]如表 2-1 所示，根据产品的用途可以将化妆品分为清洁类化妆品、护肤用化妆品、护发美发用品、美容修饰类化妆品以及人体使用的香味制剂等。

表 2-1 化妆品制造行业技术分支

一级技术分支	二级技术分支	具体内容
化妆品	清洁类化妆品	洗面奶、洗发剂（香波）、洗浴液、人体除臭剂及止汗剂、剃须用制剂、面膜、痱子粉和爽身粉、其他清洁类化妆品
	护肤用化妆品	护肤霜膏、护肤乳液、护手霜、护甲水（霜）、（润唇膏）、眼用护肤膏（霜）、化妆水、护肤啫喱（水）、其他护肤用化妆品
	护发美发用品	护发素、烫发剂、染发剂、定型剂、生发剂等
	美容修饰类化妆品	唇用化妆品（口红、唇线笔等）、眼用化妆品（眼影、眉笔、睫毛膏等）、香粉、粉饼、胭脂、指（趾）甲化妆品、其他美容修饰类化妆品
	人体使用的香味制剂	香水、花露水、古龙水等

第 3 章　化妆品制造行业专利总体态势

专利申请数量是产业竞争力的重要风向标，通过对化妆品制造行业的专利信息进行挖掘和分析可以有效揭示该领域技术的研发热点与发展态势，同时还对企业找准技术发展方向、形成技术策略，以及促进企业间的开放式创新具有重要意义。本文选择商用专利检索平台 incoPat 进行专利检索与分析，所有数据及分析图表均来自该平台。在进行检索前，首先对化妆品制造的主要 IPC 分类号进行提取，并结合化妆品制造行业的技术分支，提炼出化妆品制造技术的关键词，最后利用关键词结合 IPC 分类号确定相应的检索式。

截至 2022 年 12 月 31 日，化妆品制造产业全球专利申请量达 864166 件，进行简单同族合并后共 332352 项。其中，发明专利申请共 276329 项，实用新型 12048 项，外观设计 15 项。由此可以看出，发明专利最多，占总申请量的 83.14%，反映了化妆品制造产业专利申请的领域特色。另外，由于 2021—2022 年的部分专利申请还未公开，因此在下文分析中，2021—2022 年数据不作为参考依据。

3.1　化妆品制造行业专利全球申请趋势

化妆品制造行业专利全球申请趋势如图 3-1 所示。从全球发展趋势来看，化妆品制造行业的专利申请量在近 20 年经历了从平缓阶段（2002—2009 年）到成长阶段（2009—2017 年）、衰退阶段（2017—2019 年）再到二次发展阶段（2019 年至今）的过程，其中 2017 年的申请量达到峰值 19145 项。

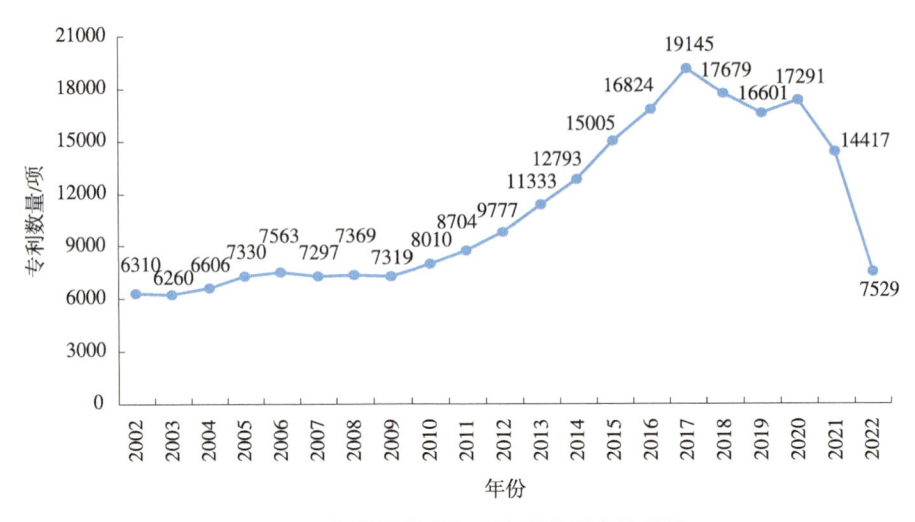

图 3-1 化妆品制造行业专利全球申请趋势

自 2009 年后，专利申请量增速明显加快，主要是由于消费者生活水平提高，对化妆品的消费持积极态度，以至于不断涌入新的申请人，行业竞争日趋加剧。随着化妆品市场逐渐饱和，化妆品行业专利的申请量有所下降。近几年，医疗美容行业热度持续上升，带动化妆品行业呈现复苏的趋势。

3.2 化妆品制造行业专利全球申请情况

化妆品制造行业全球的专利申请量分布如图 3-2 所示，其中中国独占鳌头，专利申请量占比为 26.03%，共 84404 项；日本紧随其后，共 82592 项；排名靠前的国家/地区还有韩国、美国、德国、法国等，它们是该行业主要的技术创新来源国/地区。

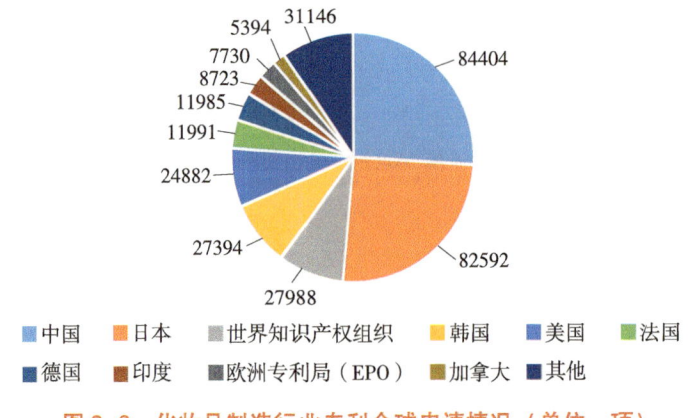

图 3-2 化妆品制造行业专利全球申请情况（单位：项）

同时，全球申请人对中国、日本、韩国和美国的化妆品消费市场青睐有加（图中未示出），这与上榜国家的技术实力、第三（娱乐）产业的发展，以及人口数量等因素都有一定的关系。

3.3 化妆品制造行业专利全球申请人情况

化妆品制造行业专利全球申请人情况如图 3-3 所示。排名全球前 10 位的申请人专利申请总量为 61402 项，占全球申请量的 18.47%，其中欧莱雅（法国）化妆品公司遥遥领先，共申请专利 14252 项；中国品牌还在发展壮大阶段，整体呈现"小而散"特征，暂未在全球占有一席之地。

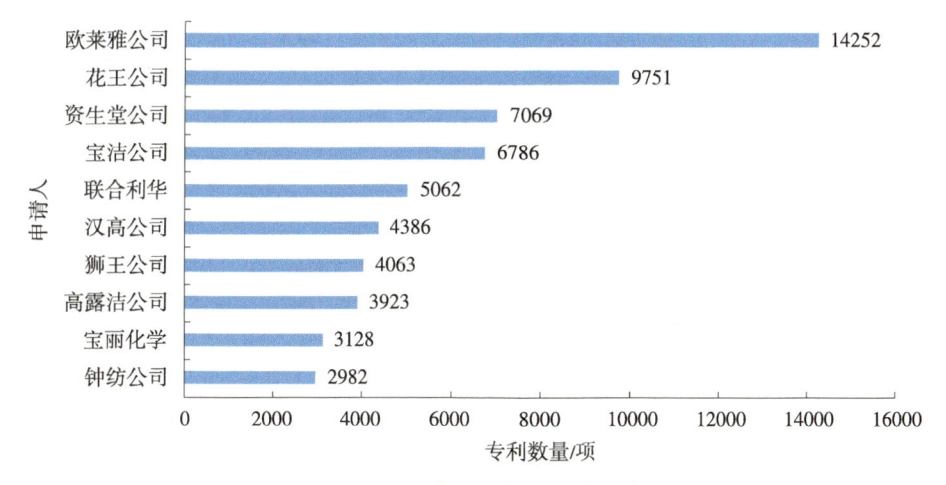

申请人	专利数量/项
欧莱雅公司	14252
花王公司	9751
资生堂公司	7069
宝洁公司	6786
联合利华	5062
汉高公司	4386
狮王公司	4063
高露洁公司	3923
宝丽化学	3128
钟纺公司	2982

图 3-3　化妆品制造行业专利全球申请人情况

全球的重点申请人（品牌）主要来自日本（包括花王、资生堂、狮王、宝丽和日本钟纺株式会社）、美国（包括宝洁、高露洁）、法国（欧莱雅）、英国（联合利华）和德国（汉高），大部分与全球的主要技术输出国相符；且化妆品制造行业专利集中在企业，而非科研单位或大专院校，这表明该行业的创新驱动是以商业利益为主。

3.4 化妆品制造行业专利全球技术构成情况

IPC 国际专利分类号代表了某项发明所采用的核心技术，说明特定的应用领域或与发明相关的技术领域，在分析技术研发领域、技术特点、技术优势等方面具有重要的意义。化妆品制造行业专利技术类别布局情况如图 3-4 所示。

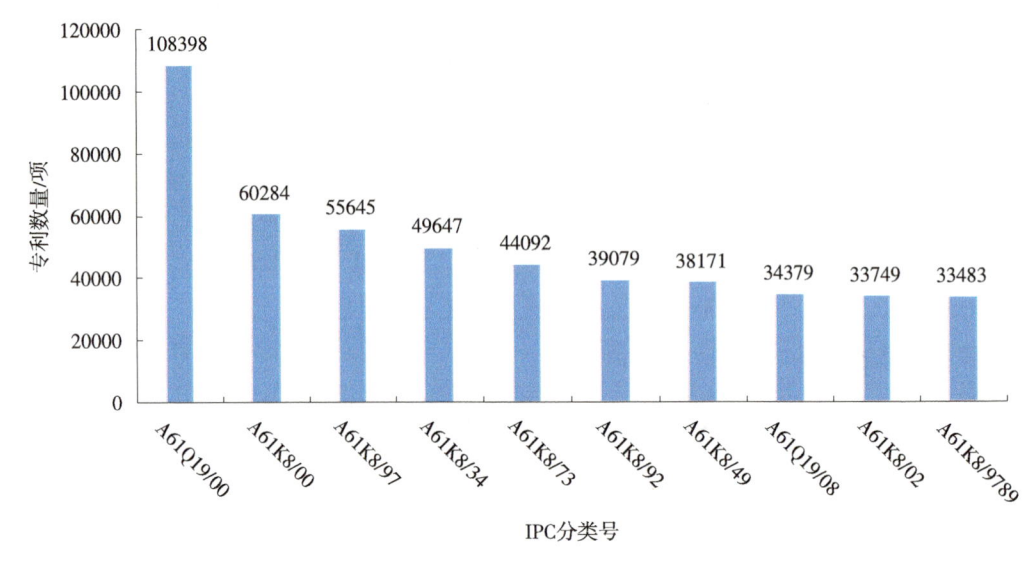

图 3-4 化妆品制造行业专利技术类别布局

全球化妆品专利技术集中在 A61Q（化妆品或类似梳妆用配制品的特定用途）和 A61K（医用、牙科用或梳妆用的配制品）两个小类，两者的发展趋势与化妆品制造行业整体的趋势大体一致（图中未示出）；进一步地，主要集中于小组 A61Q19/00（护理皮肤的制剂），说明各类用途的护肤类化妆品及其配制品是全球的研发热点。

第4章 化妆品制造行业我国专利布局分析

截至 2022 年 12 月 31 日，检索到中国化妆品制造技术在全球专利申请量为 84370 件，占总申请量的 25.39%。从专利申请类型来看，发明专利占 91.84%，实用新型占 7.73%。

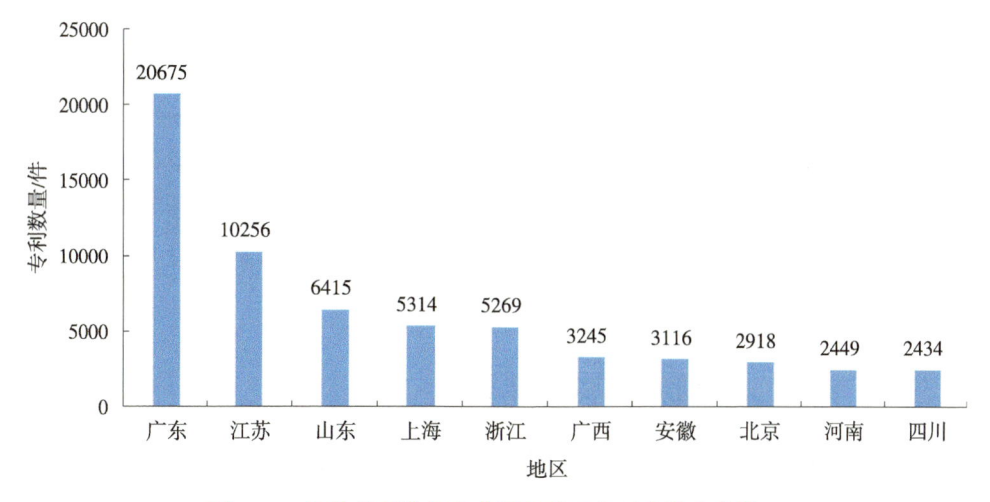

4.1 化妆品制造行业全国各地区专利申请分布情况

化妆品制造行业全国各地区专利申请分布情况如图 4-1 所示。化妆品制造行业的专利申请中，11.89% 由国内申请人提交，其中广东省的专利申请量高达 20675 件，约占国内专利申请量的 24.48%，远超其他省市，这得益于广东省日益完善的政策环境与产业生态。

图 4-1 化妆品制造行业全国各地区专利申请分布情况

其他各地如江苏、山东、上海和浙江等也拥有较多的专利申请量，反映国内化妆品制造行业的创新主体对知识产权挖掘、管理和保护的重视；另外，国内专利申请失效案件占比高达 59.81%（图中未示出），表明创新主体在专利布局、风险评估和转化运营方面有所欠缺。

4.2 化妆品制造行业专利全国申请人情况

化妆品制造行业专利全国申请人情况如图 4-2 所示。在中国化妆品制造行业的本土重点申请人中有 7 家企业，3 所科研院校。从专利的申请主体来看，广东的优势十分明显，在中国前 10 位的申请人中占 60%。

申请人	专利数量/件
江南大学	495
长沙协浩吉生物工程有限公司	458
广州赛莱拉干细胞科技股份有限公司	446
华南理工大学	345
广东丸美生物技术股份有限公司	296
广州丹奇日用化工厂有限公司	296
欧莱雅（中国）有限公司	285
广州市科能化妆品科研有限公司	283
上海应用技术学院	268
广东丹姿集团有限公司	264

图 4-2 化妆品制造行业专利全国申请人情况

排名第 1 位的江南大学早在 1972 年就开设日用化工专业，20 世纪 80 年代初即开展化妆品专业教学，成功获批国家药品监督管理局"化妆品质量研究与评价"重点实验室、江苏省化妆品工程研究中心、中国轻工业化妆品工程技术研究中心，形成了对化妆品从基础科学研究到工程技术应用的完整体系。而长沙协浩吉生物工程有限公司于 2016 年开始在护肤品相关领域布局专利，主要申请领域是天然植物提取物护肤品。

4.3 化妆品制造行业专利全国技术构成情况

化妆品制造行业专利全国技术构成情况如图 4-3 所示。

国内化妆品制造行业的专利技术主要分布在小组 A61Q19/00（护理皮肤的制剂）、A61K8/9789（源于双子叶植物纲的原料制成的化妆品）。由此可见，相关国内专利主要集中在清洁类、护肤用化妆品，包括美白、抗衰等各种特定用途；另外植物提取物在化妆品的应用研究也是国内比较热门的技术发展方向。

图 4-3 化妆品制造行业专利全国技术构成情况

第5章 化妆品制造行业广东省专利布局分析

5.1 化妆品制造行业广东省各地市专利申请分布情况

化妆品制造行业广东省各地市专利申请分布情况如图5-1所示。

图5-1 化妆品制造行业广东省各地市专利申请分布情况（单位：项）

广州市在化妆品制造行业的专利申请量为14219项，位居全省第1位（占比为56.54%），其次为佛山、深圳、汕头。其中大部分城市位于珠三角地区，表明在省内经济相对发达的地区，申请人对化妆品制造的研发有更好的条件、更多的投入和更高的热情。

5.2 化妆品制造行业专利广东省申请人情况

化妆品制造行业专利广东省申请人情况如图5-2所示。

· 096 ·

图 5-2 化妆品制造行业专利广东省申请人情况

在广东省化妆品制造行业重点申请人中，有 9 家企业注册地位于广州，余下 1 家为惠州企业；且前 6 位广州申请人均在全国榜上有名。位居榜首的广州赛莱拉干细胞科技股份有限公司总部位于广州国际生物岛，专注于研究干细胞在护肤用化妆品等领域中的应用；然而，其失效专利占比为 59.57%，专利权大部分无法维持。华南理工大学作为唯一一所高校排名第 2 位，该校化妆品技术与工程专业在全国排名仅次于江南大学，与其科研实力相匹配。

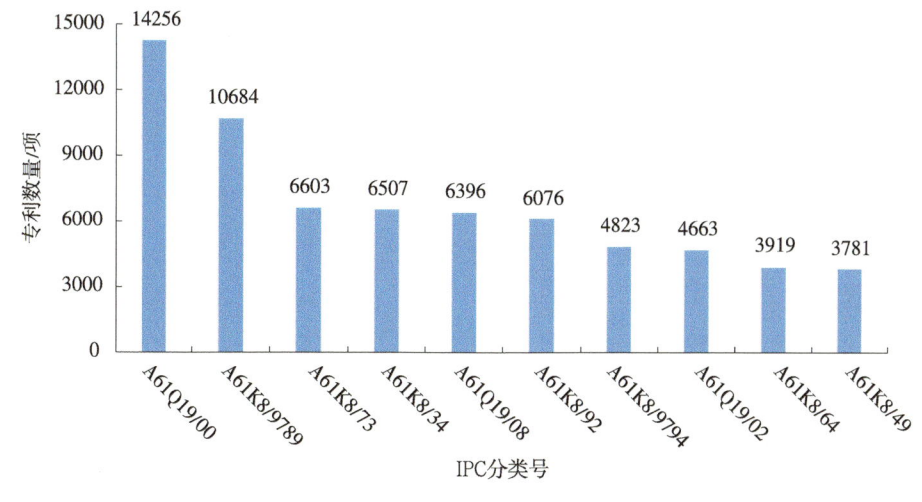

5.3 化妆品制造行业专利广东省技术构成情况

化妆品制造行业专利广东省技术构成情况如图 5-3 所示。

图 5-3 化妆品制造行业专利广东省技术构成情况

广东省内化妆品制造行业的专利技术同样主要分布在小组 A61Q19/00（护理皮肤的制剂）、A61K8/9789（源于双子叶植物纲的原料制成的化妆品），这与国内专利的技术构成相似；其中对于含蛋白质、其衍生物或降解产品类化妆品的研究体现了广东特色。

第 6 章　总结与建议

化妆品制造产业是满足人民对美好生活向往的"美丽经济",广东是全国化妆品制造产业大省。从全球来看,化妆品制造业专利申请呈现复苏的态势,中国已成为化妆品制造技术的重要创新来源国和消费市场。广东省虽然具有明显优势,但仍存在专利权不稳定、自主研发能力弱、生产原料长期依赖进口、工业制造水平有待提升、品牌附加值低等不足,将会制约我省乃至我国化妆品产业向高端化转型。

广东要利用政策环境较完善、产业呈现集优聚强特点等良好条件,积极争取国家有关部委支持政策在本省先行先试,践行新发展理念,实施创新驱动发展战略,制定系统的高质量发展规划和政策,推进全省化妆品产业高质量发展,不断提升广东化妆品的国际竞争力。

(1) 建设知识产权协同运营中心,推动制定行业标准。针对广东省内化妆品制造的创新主体高度集中于企业的特点,政府或化妆品制造行业协会可以在政策激励与引导上多做支持,一是鼓励企业在化妆品、化妆品原料、功效评价、安全评价等方面开展标准制修订,对主导国家、行业、地方、团体标准制修订的,分别给予奖励和资助;二是组织化妆品制造企业战略联盟,使本土企业在加强自身创新能力建设的同时,不断通过联盟积极利用外部的研发资源,完善自身技术、信息、资金等环节上的不足,共同开发具有自主知识产权的专利技术或构建专利池;三是建设化妆品制造知识产权协同运营中心,集成推进高价值专利培育布局、知识产权转化运营等全链条服务,打造集总部经济、科技创新、智能制造、检验检测、市场营销、文化传播为一体的化妆品制造产业生态链。

(2) 积极开展专利导航,培育企业高价值专利。截至 2022 年底,广东省化妆品制造方面的专利申请数量多达 2.5 万项,居全国首位。专利数量上的优势能够为品牌创新战略奠定知识产权基础,企业需要充分利用好已有的创新资源优势,一是进一步进行品牌创新,增加品牌附加值,在全球市场上力争上游;二是提升专利质量,培育自身独有的高价值专利,从而形成企业的核心竞争力;三是开展专利导航,防范和降低项目实施中的知识产权风险;四是借助运营手段,将与公司发展战略不相适应的专利进行转让、开放许可或质押融资，为企业"减负"；五是利用智能制造、跨境电商和网络直播等新兴业态帮助企业品牌转型、获得市场优势地位，为化妆品产业发展插上腾飞"双翼"。

（3）共建大湾区知识产权服务平台，健全保护协同体系。粤港澳大湾区地理条件优越，经济腹地广阔，为了打造具有国际竞争力和国际影响力的化妆品产业集群，相关部门可以与香港、澳门特别行政区合作，一是共建粤港澳大湾区知识产权公共服务平台，围绕知识产权运营、维权援助、专利数据库等方面加强合作，利用《区域全面经济伙伴关系协定》（RCEP）带来的机遇，推动大湾区化妆品制造知识产权出口贸易；二是完善知识产权纠纷替代解决机制，积极借鉴香港和澳门地区纠纷仲裁解决机制的经验；三是提高保护知识产权的效率，整合各方资源，以司法保护、行政保护、海关保护、调解仲裁的"四轮驱动"构建知识产权大保护格局。

参考文献

[1] 中国新闻网. 粤化妆品工业总产值全国第一 正由"大体量"向"高质量"转型[EB/OL]. （2023-05-30）[2023-10-16]. https://m.chinanews.com/wap/detail/chs/zw/10016514.shtml.

[2] 中华人民共和国国家质量监督检验检疫总局，中国国家标准化管理委员会. 国民经济行业分类与代码：GB/T 4754-2011 [S]. 北京：中国标准出版社，2011.

机器人产业专利分析报告

田丽娟　赵　飞　黎啦啦　周小燕　赵秋芬

广东省知识产权保护中心

机器人被誉为"制造业皇冠顶端的明珠",麦肯锡《引领全球经济变革的颠覆性技术》报告指出,影响未来的颠覆性技术中,先进机器人位列第五。机器人特别是智能机器人产业的研发、产业化已成为衡量一个国家科技创新和高端制造业综合竞争水平的重要指标。

第 1 章 机器人产业发展概况

1.1 全球机器人产业概况

目前，国际上一般把机器人分为工业机器人和服务机器人。2013—2020 年，全球工业机器人销售量持续增长，2019 年以来，受下游市场需求收缩、贸易摩擦加剧、新冠疫情等多重因素影响出现明显回落。与之相反，2014 年以来全球服务机器人市场规模年均增速达 21.9%，并呈持续上升态势。世界工业机器人产业，长期被瑞士的 ABB、日本的发那科（FANUC）和安川电机（YASKAWA）及德国的库卡（KUKA）这 4 家企业占据。作为世界主要的工业机器人供货商，这 4 家企业占据全球约 50% 的市场份额，更占据中国 70% 以上的市场份额，在工业机器人产业具备统治地位。而服务机器人产业由于相对较新，尚未出现大企业占据绝对优势的情况。

1.2 中国机器人产业概况

2000 年以来，国内工业机器人产业高速发展，国内企业从集成和代理开始，逐渐从产业链下游向中上游拓展，逐步成长出沈阳新松（协作机器人）、南京埃斯顿（协作、移动机器人）、安徽芜湖埃夫特（协作机器人）、上海新时达（协作机器人）、哈尔滨博实股份（码垛机器人）等比较有代表性的企业。广东省内有广州数控（搬运机器人）、广东嘉腾（AGV 机器人）、广州井源（仓储 AGV）、广州远能（AGV 机器人）、深圳佳顺（码垛机器人）及汇博机器人（协作机器人）等。

在服务机器人产业方面，2015—2019 年，中国销售额增速持续高于全球增速及中国工业机器人增速。2020 年中国服务机器人迎来重大发展机遇，投融资规模从 2019 年的 54.2 亿元大幅增至 186.2 亿元。中国服务机器人产业主要企业有南京亿嘉和（巡检机器人）、深圳大疆（航拍无人机）、优必选（舞蹈机器人）、昆山穿山甲（餐饮机器人）、科沃斯（室内清洁机器人）、越疆科技（家庭桌面机械臂）、安翰医疗（胶囊机器人）、金山科技（胶囊机器人）、妙手机器人（手术机器人）等。广东省内有深圳大疆、优必选、越疆科技等。

第 2 章　机器人相关技术专利分析

机器人整机按照其应用领域，一般分为工业机器人和服务机器人，而组成机器人整机的关键零部件又涉及机械设计、传感器感知、计算机、自动控制、人工智能、仿生学等多个学科。尤其工业机器人作为一项精密技术，其对传动、驱动、控制技术的要求非常高。

2.1　机器人产业专利总体分析

从机器人全球专利的技术分布（见图2-1）可知，截至2022年12月31日，服务机器人专利申请量最多，占总量的34%，其具有应用领域广、市场容量大的特点。其次是工业机器人领域，专利占比为23%，另外，医用机器人的专利申请量也较多。从关键零部件来看，末端执行器专利申请量在零部件专利申请中占比最大，其次是控制系统、伺服电机，最后是减速器。

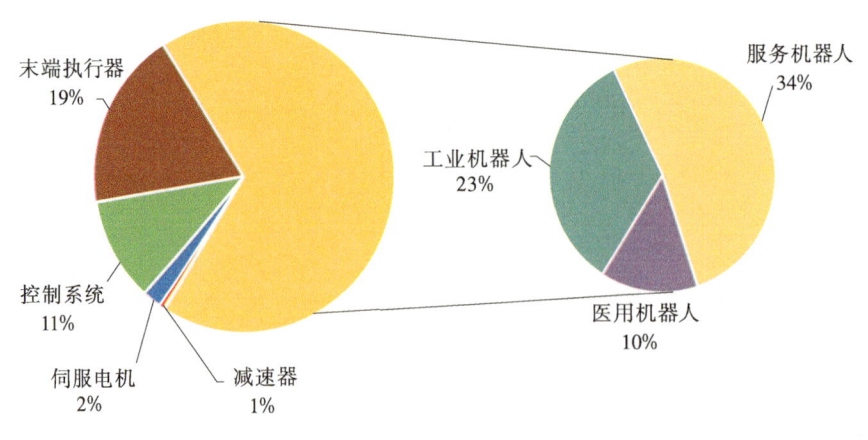

图2-1　机器人专利技术分布

从机器人专利申请趋势（见图2-2）看，20世纪80年代，随着计算机、现代控制及传感技术的发展，机器人专利申请量步入快速发展期，2015年进入爆发期，各国专利都呈现一个巨大的上涨周期，中国的专利申请量尤其巨大。

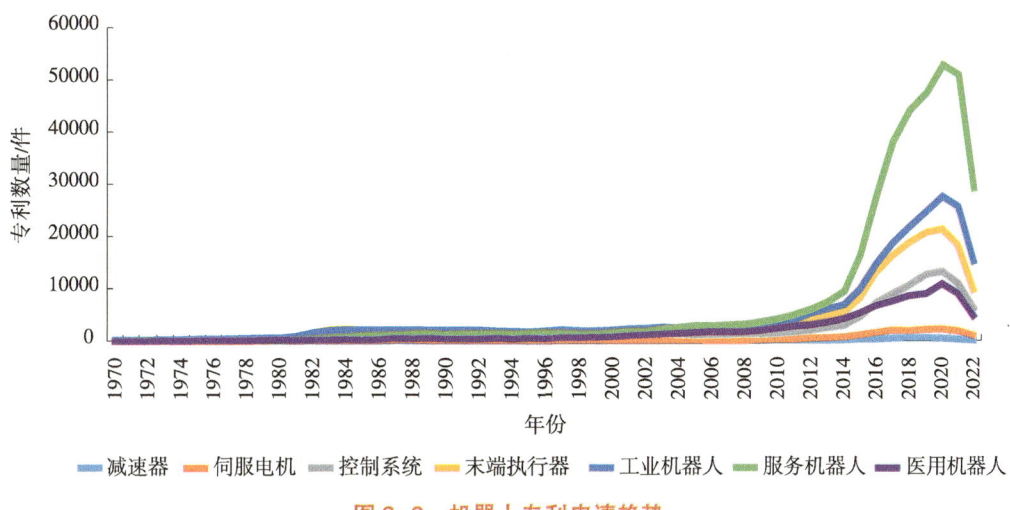

图 2-2 机器人专利申请趋势

2.2 机器人专利全球概况

从机器人专利的重点申请人来源国（见图 2-3）看，申请人主要分布于中、日、美、韩、德 5 国，中国申请人的专利数量远大于其他 4 国，但是，我国专利数量多，很大程度上是由于中国专利具有自身的特殊性，比如实用新型和外观设计专利数量多，发明专利数量多但质量不高等。

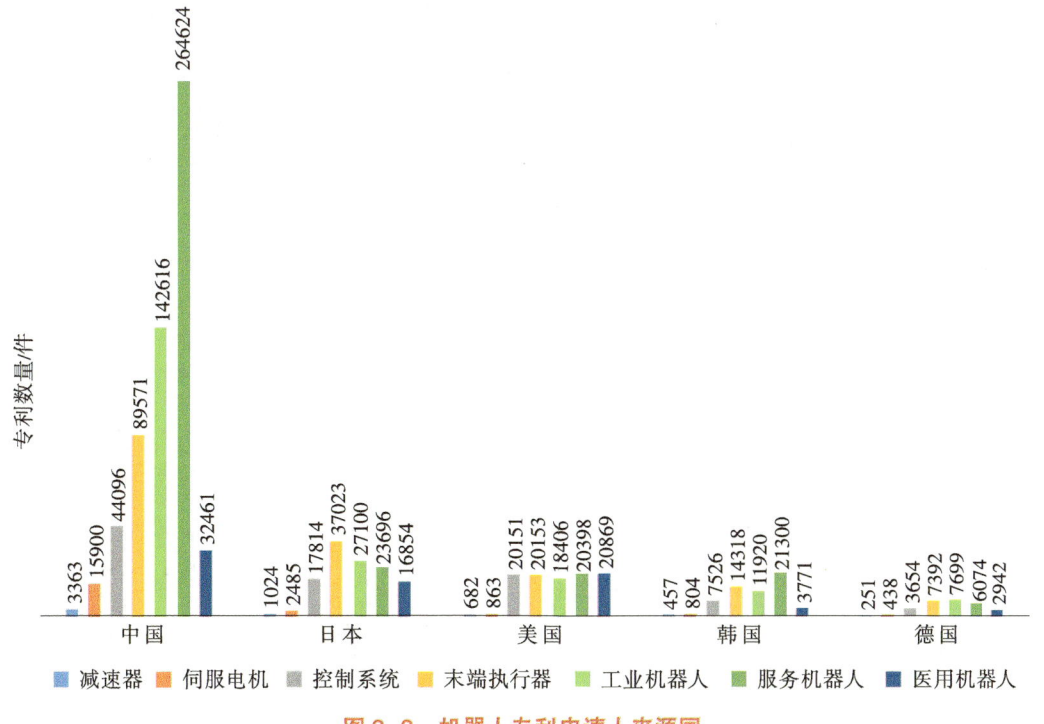

图 2-3 机器人专利申请人来源国

从专利质量看，考量专利价值更需要关注该专利向外国申请的情况。一般来说，高技术含量的专利才会向海外各国布局。从各国申请人在机器人专利上的全球布局情况（见图2-4）看，中国申请人的专利数量虽然庞大，但向海外输出的情况远不如其他四国，橙色占比太小，因此，结合专利数量及向海外输出情况两个因素分析，中国在机器人产业方面的实际实力与其他国家还有很大差距（其中蓝色柱子表现了各国申请人在各领域申请的专利量占该领域全球申请量的比重，橙色柱子表现了各国申请人在各领域申请的专利中，向外国申请的专利量占其全部申请量的比重）。

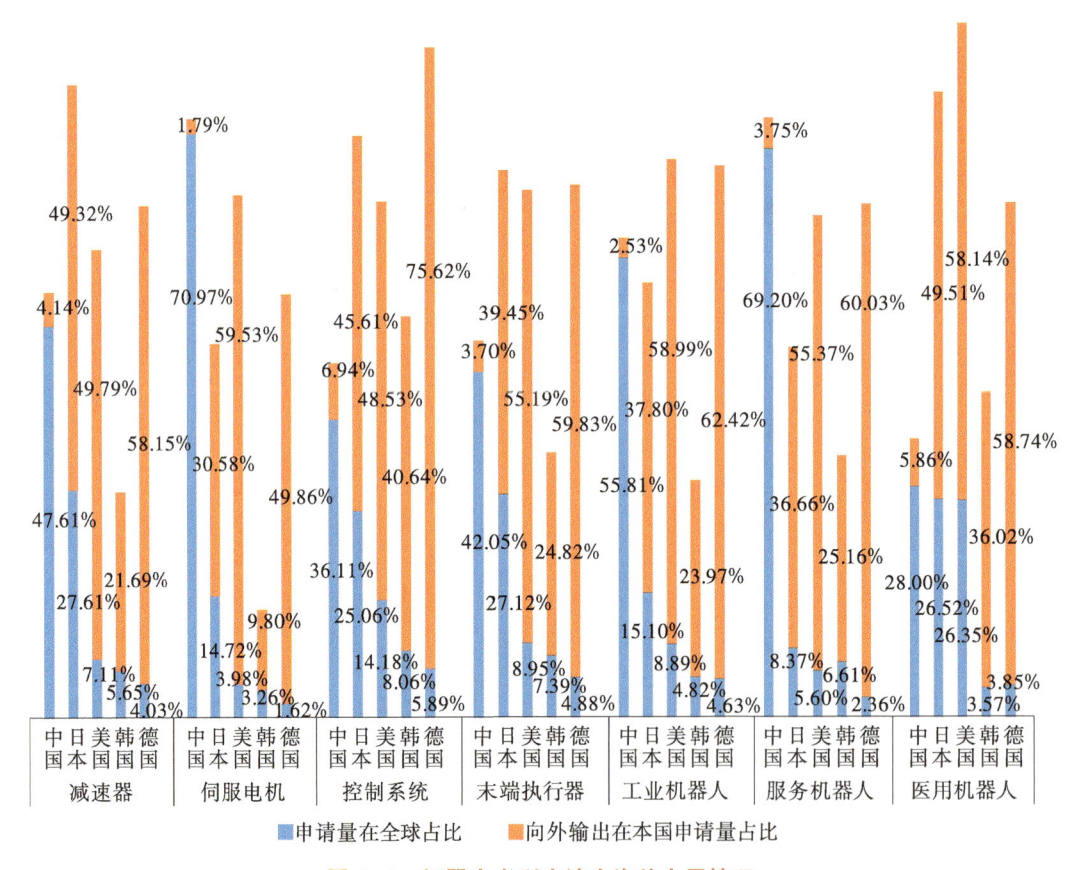

图2-4 机器人专利申请人海外布局情况

从技术领域看，在关键零部件方面，日本专利数量和向外布局情况都很优异，综合实力稳居第1位；美国专利数量上略逊于日本，但其在控制系统领域排第2位，在减速器、伺服电机、末端执行器领域实力也很突出；韩国和德国专利数量稍少，但专利质量都较高，日、美、德、韩都在我国占据较大的技术领先优势。

在整机机器人领域，中国在服务机器人领域与日本平分秋色，在工业机器人领域逊于日本，与美国差距不大，在医用机器人领域逊于日本和美国。

具体到技术分支的重点申请人（见图2-5），几乎所有领域的重点申请人都被日本企业占据，也展现了其在机器人领域的绝对实力。中国虽然整体申请量多，但重点申请人不多，说明专利分散在众多申请人手上，缺乏行业引领者。

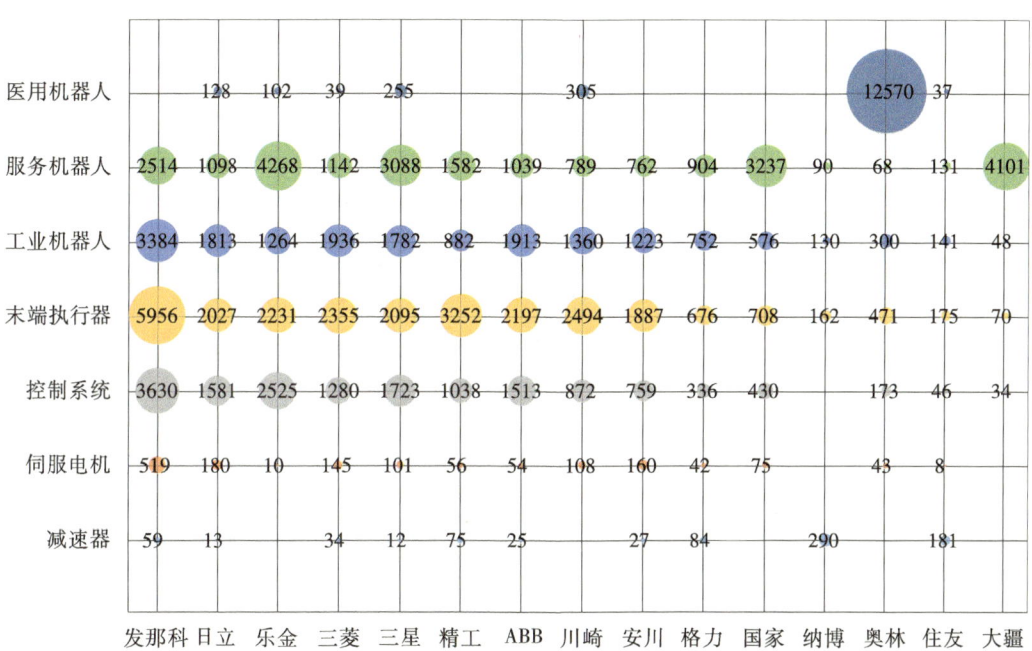

	发那科	日立	乐金	三菱	三星	精工	ABB	川崎重工	安川电机	格力	国家电网	纳博特斯克	奥林巴斯	住友	大疆
医用机器人		128	102	39	255		305						12570	37	
服务机器人	2514	1098	4268	1142	3088	1582	1039	789	762	904	3237	90	68	131	4101
工业机器人	3384	1813	1264	1936	1782	882	1913	1360	1223	752	576	130	300	141	48
末端执行器	5956	2027	2231	2355	2095	3252	2197	2494	1887	676	708	162	471	175	70
控制系统	3630	1581	2525	1280	1723	1038	1513	872	759	336	430		173	46	34
伺服电机	519	180	10	145	101	56	54	108	160	42	75		43	8	
减速器	59	13		34	12	75	25		27	84		290		181	

图2-5 机器人专利全球重点申请人（单位：件）

2.3 机器人产业专利全国概况

从全国的申请人来源（见图2-6）看，广东、江苏属于第一梯队，机器人3个应用领域以及4类关键零部件的前两名均为广东和江苏，其中，广东在工业机器人、服务机器人、医用机器人、控制系统、末端执行器5个领域的专利量均排名第1位，在减速器、伺服电机领域的专利量排名第2位。广东不仅在工业机器人、服务机器人、医用机器人上广泛布局，在关键零部件方面也进行了不少的专利布局，尤其在涉及机器人"大脑"的控制系统、涉及机器人"手"的末端执行器领域均具有优势。

· 107 ·

图2-6 机器人专利中国申请人来源省市

在各个领域申请量排行前列的国内重点申请人（见图2-7）中，除医用机器人由于其专业性导致专利主要集中在几家医疗设备企业外，国内申请人主要为国家电网、格力、深圳优必选以及几所高校，并且各申请人在各领域均有涉猎，布局比较均衡。此外，格力、苏州绿的谐波传动科技贡献了大部分的减速器专利，属于我国减速器领域的中坚力量。

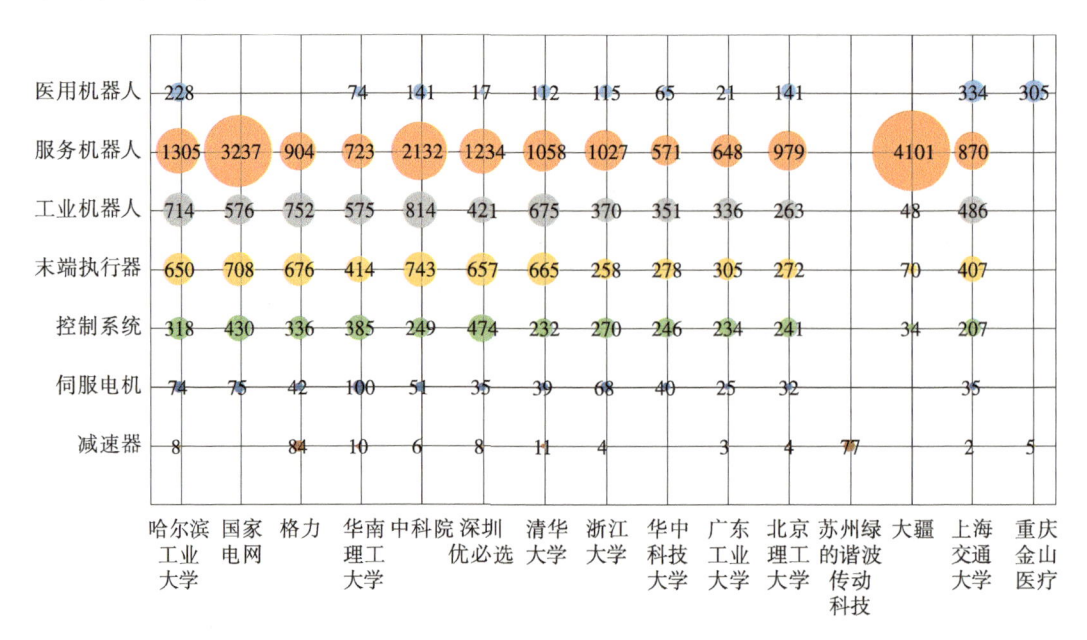

图2-7 机器人专利全国重点申请人（单位：件）

2.4 机器人专利广东省概况

广东省的机器人专利主要集中在深圳、广州、佛山、东莞、珠海几个地市（见图2-8），深圳机器人产业的专利申请量领先全省，在各分支领域的专利申请量都超过其他地市，在服务机器人细分领域的专利申请量更是遥遥领先。深圳市在民用无人机（船）产品、服务机器人产品的研发创新上处于领先水平。广州在应用方面的申请较多，但关键技术方面专利布局不足。佛山、东莞和珠海的专利主要集中在应用领域，关键零部件的专利申请量少，仍处于机器人产业链的中低端。

图2-8 机器人专利广东省申请人来源地市

广东省在机器人产业的重点申请人（见图2-9）中，格力、华南理工大学、深圳优必选、大疆、广州宝胆医疗器械在全国排名都很靠前，拥有不小优势，也拥有大疆这样的行业绝对领先者（无人机领域）。此外，广东省又拥有众多实力均衡的"选手"，在各领域的专利布局比较均衡，在机器人产业链上的发展比较完备。

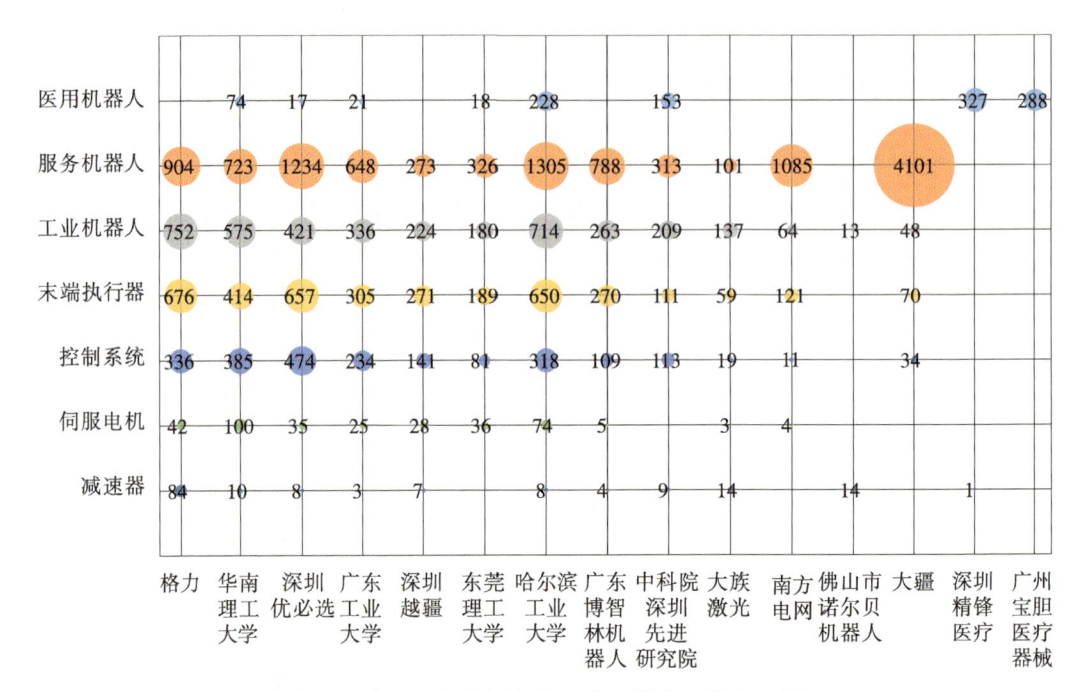

	格力	华南理工大学	深圳优必选	广东工业大学	深圳越疆	东莞理工大学	哈尔滨工业大学	广东博智林机器人	中科院深圳先进研究院	大族激光	南方电网	佛山市诺尔贝机器人	大疆	深圳精锋医疗	广州宝胆医疗器械
医用机器人		74	17	21		18	228		153					327	288
服务机器人	904	723	1234	648	273	326	1305	788	313	101	1085		4101		
工业机器人	752	575	421	336	224	180	714	263	209	137	64	13	48		
末端执行器	676	414	657	305	271	189	650	270	111	59	121		70		
控制系统	336	385	474	234	141	81	318	109	113	19	11		34		
伺服电机	42	100	35	25	28	36	74	5		3	4				
减速器	84	10	8	3	7		8	4	9	14		14	1		

图2-9 机器人专利广东省重点申请人（单位：件）

第3章 下一步对策建议

综上，广东省在机器人产业的专利布局具备以下问题。一是基础较弱，在核心关键零部件方面布局严重不足，专利主要集中在整机集成领域。二是企业创新能力不足，专利申请量企业仅占一半，更多专利集中在高校，难以短时间转化为生产力。三是在新兴的服务机器人领域领先国外，具备较大的发展机会。值得一提的是，在全国控制系统领域排名前5位的申请人中，深圳优必选、华南理工大学、格力都来自广东省。广东省机器人产业发展建议在以下4个方面发力：

（1）加大工业机器人领域政策扶持力度。出台配套扶持政策和激励措施，引导创新主体重点在工业机器人的核心零部件、医用机器人等"卡脖子"技术领域开展技术攻关，支持格力、华南理工大学、深圳优必选等省内机器人企业和科研机构在减速器、伺服电机、控制系统等核心技术方面突破创新，促进产业持续整合提升，提升产业配套能力。

（2）加大服务机器人领域产业整合力度。继续发挥服务机器人的优势，鼓励省内优势企业如大疆、深圳优必选等进一步提升自身品牌影响力，打造海内外知名品牌。积极开拓服务机器人在智能家居、AI机器人等高端领域的应用，推进研发新型机器人产品，丰富服务机器人产品线，向价值链的高端聚集，引领产业发展方向。

（3）构建产学研用合作平台。以省内高校院所（如华南理工大学、广东工业大学等）创新技术为依托，发挥省内高校院所在人工智能、语音识别、视觉识别、运动控制等方面的研究优势，促进科技成果从高校、科研机构向社会和省内企业转移转化，推动科研成果在机器人产业落地应用。

（4）加强知识产权保护。支持和引导行业企业和科研机构开展专利导航和预警分析，重点针对核心零部件领域开展专利分析，全面掌握国外龙头企业的专利技术和布局，在生产、制造、销售等环节规避侵权风险。充分利用广东省各知识产权保护中心快速审查通道，培育一批高价值专利，积极开展海内外的知识产权布局，推动形成一批具有知识产权雄厚实力的细分技术领域的"领头羊"。

水污染治理技术专利信息简报

曾庆婷　赵　飞　贺丽君

广东省知识产权保护中心

安全应急与环保产业属于广东省十大战略性新兴产业集群之一，该产业集群的集聚效应初步显现，增长潜力巨大，对广东经济发展具有重大引领带动作用。本文拟对节能环保产业中的水污染治理技术进行专利发展态势分析，以期让企业了解广东省水污染治理技术发展现状。

第1章 节能环保产业及水污染治理技术简介

1.1 节能环保产业技术进展

节能是指尽可能地减少能源消耗量，生产出与原来同样数量、同样质量的产品；或者是以原来同样数量的能源消耗量，生产出比原来数量更多或数量相等质量更好的产品。环保是指在国民经济结构中，以防治环境污染、改善生态环境、保护自然资源为目的而进行的技术产品开发、商业流通、资源利用、信息服务、工程承包等活动的总称。

"十三五"期间，我国资源节约和环境保护工作成效显著，绿色产业发展势头良好，我国节能环保产业快速发展。数据显示，我国节能环保产业产值由2015年的4.5万亿元上升到2020年的7.5万亿元左右。产业增加值占GDP比重从2015年的2%提升到3%。《2020中国环保产业发展状况报告》显示，2019年全国环保产业营业收入约17800亿元，较2018年增长约11.3%，其中环境服务营业收入约11200亿元，同比增长约23.3%。2019年，统计范围内企业环保业务营业收入9864.4亿元，同比增长了13.5%。

1.2 水污染治理技术进展

经过近40年快速发展，我国环保产业已达到年万亿级产业规模，形成覆盖水、大气、土壤、固废、环境监测等重点领域的污染治理技术装备体系，基本能够满足当前我国生态环境污染治理技术需求。

城镇生活污水治理已形成可稳定达到《城镇污水处理厂污染物排放标准》一级A标准的成套技术，大中型污水处理厂提标改造进展迅速，高效脱氮除磷技术崭露头角，污泥处理处置形成系列适用技术。农村生活污水治理模式逐渐清晰，各类性能可靠、易维护、技术经济合理的处理设备不断涌现，分散和集中相结合的污水治理模式快速发展。常规工业废水治理技术基本定型，应用于难处理工业废水和尾水深度净化的高级氧化、催化、膜过滤、电化学等技术快速发展。

水体修复方面，各类控源截污、内源污染治理、水质净化及底泥修复技术装备仍处在起步阶段。总体上，我国水污染治理技术水平基本与国际接轨，但创新供给不足，多数重点领域处于跟跑阶段，自主创新能力亟待提升。

1.3 节能环保产业链结构分析

节能环保产业链大致可分为上游产品生产、中游工程建设与下游设施运营及服务。节能环保产业链结构如图1-1所示。

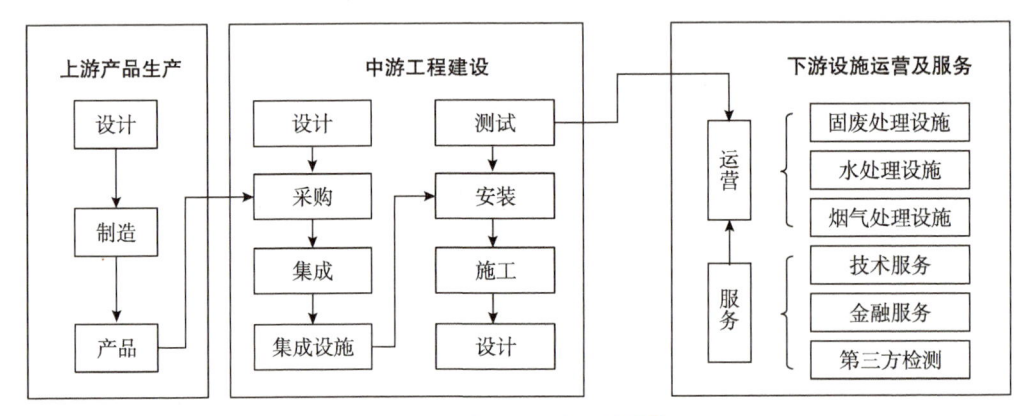

图1-1 节能环保产业链结构

上游产品生产关联主体主要包括节能环保制造企业、节能环保技术研发单位、节能环保投资机构等，以中小规模经济单位为主，目前产品性质、结构、功能等方面差别不大，企业间围绕价格、产品和服务质量展开竞争。中游工程建设关联主体包括节能环保产品制造经销商、节能环保项目分包商、节能环保产品分销商、节能环保工程施工单位、第三方咨询/检测/培训/认证/监理等服务机构等，以项目或工程分包为主要形式的市场，一些第三方服务机构参与其中。下游设施运营及服务关联主体包括直接节能环保服务提供商、节能环保运营商，下游用户以公共机构和业主方为主，是一个兼具买方和卖方垄断势力的市场，即买卖双方都有向对方施压的筹码，对下游卖方而言，企业核心竞争力的关键在于其整合能力，既包括对上游供应商的整合，也包括对产品、项目、市场、资金以及技术等各要素的整合。

第 2 章 水污染治理技术专利申请情况

本文重点分析节能环保产业中近年来发展迅速的水污染治理技术专利总体态势。选用 incoPat 商业数据库进行数据检索分析，简单同族合并后最终得到涉及水污染治理的专利文献 448935 篇，数据检索截止日期为 2022 年 12 月 31 日。

2.1 水污染治理技术专利全球申请趋势

从图 2-1 中可以看出，水污染治理技术相关专利申请量在 2000—2007 年增长较为平稳，从 2007 年开始申请量出现较大幅度增长，其中从 2014 年开始出现井喷式增长，到 2020 年达到最高峰，申请量为 54150 件，2021 年、2022 年的申请量稍微回落，但仍处于申请高峰期。

图 2-1 水污染治理技术专利全球申请趋势

2.2 水污染治理技术专利各国/地区申请情况

从图 2-2 可以看出，中国大陆的申请量占全球申请量的 74.67%，排名第 2 位的日本申请量占全球申请量的 8.73%，韩国、美国、德国、世界知识产权组织的申请量分别排名第 3~6 位，占比分别为 4.04%、2.74%、1.45%、1.42%。可见，在水污染治理技术领域，中国大陆申请量遥遥领先，结合图 2-3 可知，从 2000 年以来，除中国大陆在该领域的申请量逐年上升以外，日本、韩国、美国、德国、世界知识产权组织的申请量均呈缓慢下降趋势，这一方面是由于中国在环保方面的投入逐年增加，另一方面与国家在鼓励发明创造的大趋势下，我国的研究主体对于专利申请的热情逐年增加有关。

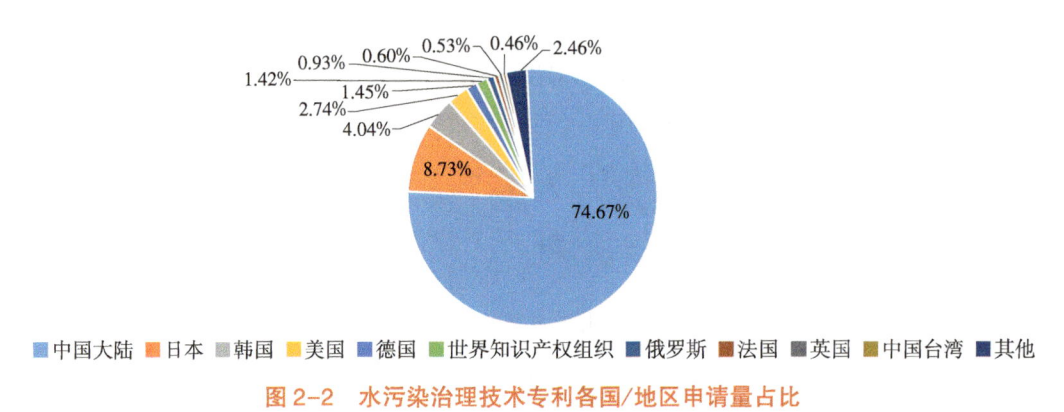

图 2-2 水污染治理技术专利各国/地区申请量占比

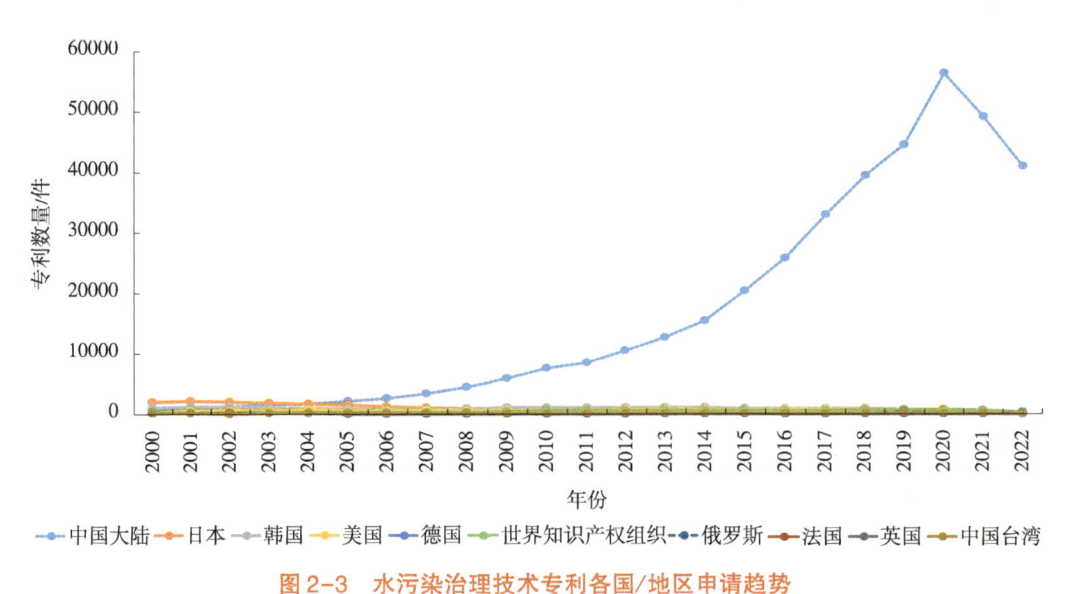

图 2-3 水污染治理技术专利各国/地区申请趋势

2.3 水污染治理技术专利全球重点申请人

从图 2-4 可以看出，在申请量排名前 15 位的申请人中，中国申请人占 10 家，其余 5 家均为日本公司，其中申请量排名第 1 位的为中国石油化工股份有限公司，第 2~5 名分别为日立公司、栗田工业、三菱公司、哈尔滨工业大学，且在排名前 15 位的申请人中,中国申请人除中国石油化工股份有限公司、中国石油集团、中冶集团外,其他申请人均为大学,而在排名前 15 位的申请人中,日本申请人均为企业。这表明了在水污染治理技术领域中,中国主要的研究主体还是在大学,而日本的研究主体在企业,能够实现更多的工业应用。

图 2-4 水污染治理技术申请量前 15 位申请人排名

2.4 水污染治理技术专利中国各地区排名

从图 2-5 可以看出,水污染治理技术的专利申请量全国排名第 1 位的省份为江苏省,广东省、浙江省、山东省、北京市分别位列第 2~5 名,这与我国工业发展水平的地域分布是相符合的。

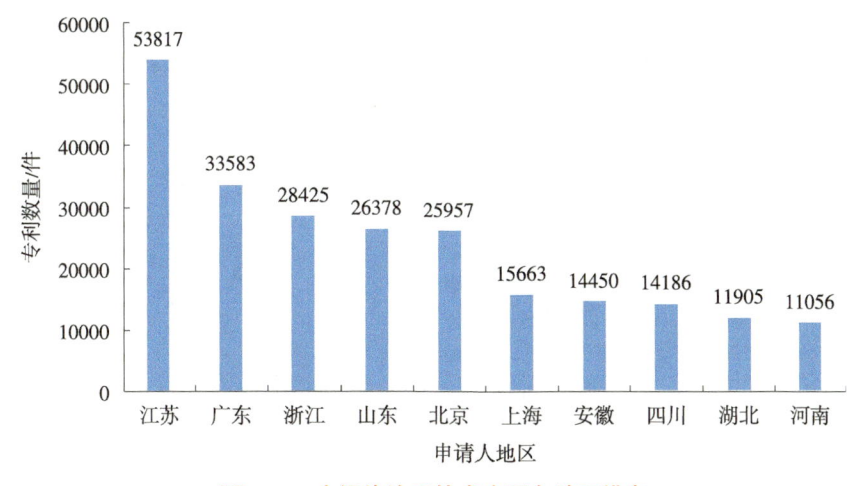

图 2-5 水污染治理技术中国各地区排名

2.5 水污染治理技术专利广东省内分布情况

从图 2-6 可以看出，在广东省内，就水污染治理技术申请专利量最多的为广州市，其次为深圳市、佛山市、东莞市、惠州市，排名前 9 位的城市均为珠三角城市，这与经济水平的发展是非常相符的，表明了在经济水平发展越好的地域，对于水污染治理的需求越旺盛，产生的成果相应也更多。

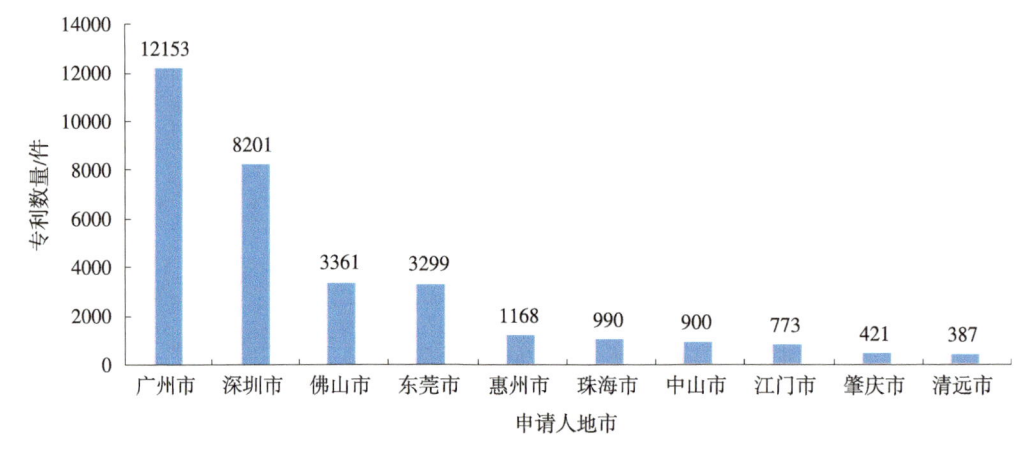

图 2-6　水污染治理技术专利广东省内各市申请量排名

图 2-7 示出了广东省内就水污染治理技术申请量排名前 10 位的申请人，其中仅珠海格力电器股份有限公司、美的集团股份有限公司两家为企业，其余 8 位申请人均为大学或研究所，表明在广东省内，水污染治理技术的研究主体也集中在大学或研究所中，企业占比非常小。

图 2-7　水污染治理技术专利广东省内申请量排名前 10 位的申请人

第 3 章　广东省内水污染治理技术专利技术分布情况

为深入研究广东省内水污染治理技术发展情况，本文选取广东省内水污染治理技术相关专利共 448935 篇，数据检索截止日期为 2022 年 12 月 31 日。水污染治理技术按照处理的方法可以分为物理方法、化学方法、物化法、生物处理法、多级处理方法、污泥处理方法等。根据水污染治理技术的分类，将该技术进行两级技术分解如表 3-1 所示。

表 3-1　水污染治理技术分解表

一级分支	二级分支
物理方法	加热蒸发
	冷冻结晶
	气浮
	过滤分离
	脱气
	机械振动
化学方法	光催化
	电磁化学
	絮凝沉淀
	软化
	添加物质
	曝气
	氧化还原
	中和法
物化法	萃取法
	吸附法
	离子交换法
生物处理法	生物处理法（含好氧、厌氧、兼氧）
多级处理方法	多级处理方法

续表

一级分支	二级分支
污泥处理方法	污泥处理方法
其他	其他

3.1 广东省内水污染治理技术专利技术构成情况

将水污染治理技术的多级处理方法、物理方法、生物处理法、物化法、化学方法等的专利申请量进行统计分析，得到图3-1。从图中可以看出，在具体的单项技术中，以多级处理方法联用的方法应用最为广泛，占比35.62%，这是由于一般采用单项处理方法难以将污染水体处理达标，采用多项技术联合能够达到更佳的水质；过滤分离方法的申请量次之，占18.72%，这是由于过滤分离方法简单易行，在常规水体处理中应用较为广泛，因而申请主体以此为发明点进行专利申请的量占比较大；再次是生物处理法，生物处理法是目前使用非常广泛的一种污水处理方法，其使用成本相对较低，处理效果较为稳定。紧随其后的是吸附法、氧化还原法、絮凝沉淀、光催化法、加热蒸发法等，上述物理或化学方法各有优缺点，在不同水质情况和处理需求下被选用。

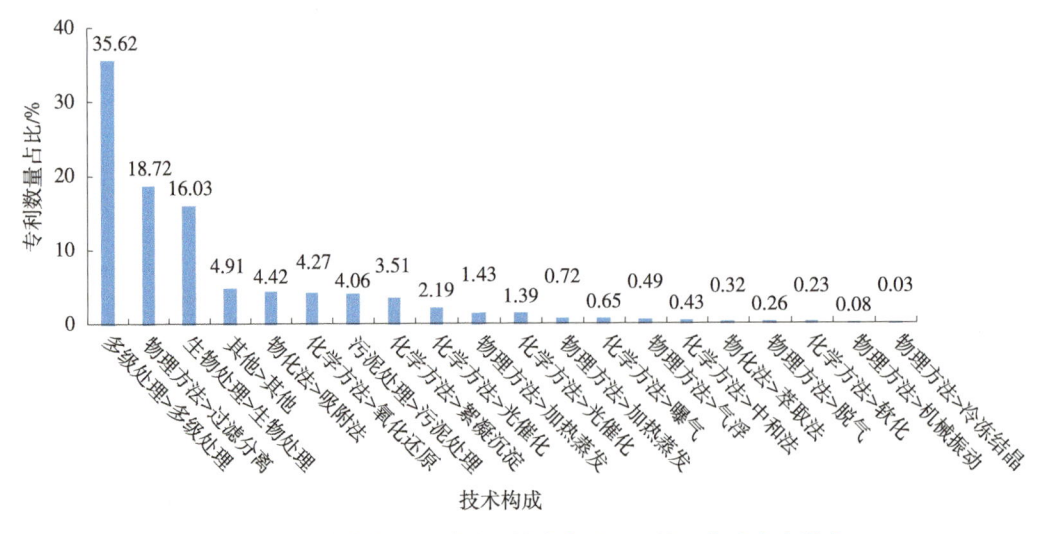

图3-1 广东省内水污染治理技术专利不同处理方法占比排名

3.2 广东省内水污染治理技术各技术构成主要申请人及核心专利

本节根据水污染治理技术的几种主流方法如过滤分离法、生物处理法、吸附法、氧化还原法、絮凝沉淀法、电磁化学法、光催化法的专利申请查找相关领域的主要申请人以及相对价值度较高的核心专利。

根据数据分析得出，采用过滤分离方法进行水污染治理申请量排名前 5 位的申请人分别为珠海格力电器股份有限公司（104 件）、华南理工大学（59 件）、佛山科学技术学院（44 件）、美的集团股份有限公司（41 件）、佛山市云米电器科技有限公司（32 件）。

将利用过滤分离方法进行水污染治理的专利按照被引证次数进行排序，可以查找出该领域中相对价值度较高的专利，其中被引证次数排前 5 名的有效专利分别为华南理工大学 CN103316507A 超亲水及水下超疏油的油水分离网膜及其制备方法和应用、广东先导稀材股份有限公司 CN102616891A 含硫酸钠与氯化钠的污水的处理方法、段华山 CN101670199A 一种捕获沉降剂及脱除油浆中催化剂固体粉末的方法、华南理工大学 CN105498553A 一种聚偏氟乙烯-金属有机骨架复合超滤膜及制备与应用、佘小玲 CN106731078A 一种过滤装置。

采用生物处理方法进行水污染治理申请量排名前 5 位的申请人分别为华南理工大学（377 件）、华南农业大学（114 件）、中山大学（101）、暨南大学（70 件）、生态环境部华南环境科学研究所（49 件）。

将利用生物处理方法进行水污染治理的专利按照被引证次数进行排序，可以查找出该领域中相对价值度较高的专利，其中被引证次数排前 5 名的有效专利分别为深圳市意可曼生物科技有限公司 CN101928069A 一种污水净化剂及污水净化方法、宇星科技发展（深圳）有限公司 CN101671095A 垃圾渗滤液处理工艺、深圳清华大学研究院 CN101857846A 一种红球菌及其菌剂与应用、华南理工大学 CN101723554A 一种化肥废水处理方法、广州嘉康环保技术有限公司 CN104230097A 一种养殖业污水处理的方法。

采用吸附法进行水污染治理申请量排名前 5 位的申请人分别为华南理工大学（136 件）、华南农业大学（53 件）、广东工业大学（49 件）、中山大学（37 件）、广州大学（34 件）。

将利用吸附法进行水污染治理的专利按照被引证次数进行排序，可以查找出该领域中相对价值度较高的专利，其中被引证次数排前 5 名的有效专利分别为广东省生态环境与土壤研究所 CN102389776A 一种重金属吸附剂及其制备方法和应用、暨南大学 CN103143319A 一种石墨烯/粘土复合材料及其制备方法和应用、深圳市东江环保股份有限公司 CN101391799A 一种印制线路板废液氨氮回收处理的方法、恩达电路（深圳）有限公司 CN101757885A 一种重金属捕捉剂及其制备方法、华南理工大学 CN104772113A 一种石墨烯/蒙脱石纳米复合材料及其制备方法与应用。

采用氧化还原法进行水污染治理申请量排名前 5 位的申请人分别为华南理工大学（129 件）、中山大学（61 件）、广州大学（36 件）、东莞理工学院（32 件）、广东工业大学（30 件）。

将利用氧化还原法进行水污染治理的专利按照被引证次数进行排序，可以查找出该领域中相对价值度较高的专利，其中被引证次数排前 5 名的有效专利分别为彭云龙 CN101033105A 一种光电磁集成的废水高级氧化方法及其装置、华南理工大学 CN101838074A 多相电催化氧化-Fenton 耦合法降解硝基苯类废水的方法及其反应器、中山大学 CN103342410A 一种强化零价铁除砷的水处理方法、华南理工大学 CN103896388A 一种利用双催化剂非均相活化过硫酸盐处理有机废水的方法、深圳市明灯科技有限公司 CN103030233A 一种高浓度含砷废水的处理方法。

采用絮凝沉淀法进行水污染治理申请量排名前 5 位的申请人分别为华南理工大学（53 件）、李泽（17 件）、顺德职业技术学院（16 件）、广东工业大学（11 件）、暨南大学（11 件）。

将利用絮凝沉淀法进行水污染治理的专利按照被引证次数进行排序，可以查找出该领域中相对价值度较高的专利，其中被引证次数排前 5 名的有效专利分别为深圳市拓日新能源科技股份有限公司 CN102452738A 一种太阳能电池厂含氟废水的处理方法、生态环境部华南环境科学研究所 CN102603046A 一种重金属离子络合剂及其制备方法和应用、广州市佳境水处理技术工程有限公司 CN1951833A 有机—无机物共聚脱色絮凝剂及制备方法、暨南大学 CN101643261A 一种控藻红土复合絮凝剂及其制备方法与应用、暨南大学 CN102897879A 一种无机-有机复合型絮凝剂及其制备方法与应用。

采用电磁化学法进行水污染治理申请量排名前 5 位的申请人分别为华南理工大学（44 件）、中山大学（20 件）、华南师范大学（16 件）、佛山市云米电器科技有限公司（14 件）、东莞理工学院（11 件）。

将利用电磁化学法进行水污染治理的专利按照被引证次数进行排序，可以查找出该领域中相对价值度较高的专利，其中被引证次数排前 5 名的有效专利分别为中国科学院广州能源研究所 CN101033087A 一种海水淡化与海洋天然气水合物开采联产方法、清远市灵捷制造化工有限公司 CN101531409A 一种用于废水微电解处理的微电极、薛宏 CN102358638A 一种电解水机及方法、广州有色金属研究院 CN101077801A 用于有机废水处理的流化床三维电极反应器、中山市泰帝科技有限公司 CN102153173A 一种电磁脉冲辅助脉冲电絮凝处理餐饮废水的装置及方法。

采用光催化法进行水污染治理申请量排名前 5 位的申请人分别为华南理工大学（41 件）、广东工业大学（18 件）、佛山科学技术学院（14 件）、华南师范大学（12 件）、中国科学院广州地球化学研究所（10 件）。

将利用光催化法进行水污染治理的专利按照被引证次数进行排序，可以查找出该领域中相对价值度较高的专利，其中被引证次数排前 5 名的有效专利分别为华南理工大学 CN104549406A 一种 g-C_3N_4/铋系氧化物复合可见光催化剂及其制备方法与应用、华南理工大学 CN104084228A 一种氧掺杂氮化碳/氧化锌光催化剂及其制备方法与应用、华南理工大学 CN103433060A 核-壳型 $TiO_2/ZnIn_2S_4$ 复合光催化剂及其制备方法与应用、深圳市水务（集团）有限公司 CN101863577A 滤池反冲洗水回收处理方法及其膜滤系统、华南协同创新研究院 CN106582880A 一种二硫化钼/MIL 101 复合光催化材料及其制备方法与应用。

第 4 章　总结与建议

4.1　主要结论

本文对国内外节能环保产业的水污染治理的申请现状进行对比分析，并从专利申请量、申请主体、治理技术等方面，深入研究广东省内该技术领域的专利发展区域性特点。

在全球范围内，相关专利申请量从 2014 年开始出现井喷式增长，以中国专利增长最多，其他依次为日本、韩国、美国等，但这些国家的增长量呈缓慢下降趋势。

同时，申请主体的类型呈区域差异，中国专利的申请主体主要为高校，同样，广东省内申请量较大的申请主体也多为高校，而全球申请量排名第 2 位的日本则以企业为主要申请主体。

水污染治理技术专利中技术分布以多级处理方法和物理方法为主，生物处理法、化学方法、物化法次之。其中，过滤分离方法的主要申请人包括广东省龙头企业珠海格力、美的集团、佛山市云米电器，上述企业均经营净水器业务；生物处理法、吸附法、氧化还原法、絮凝沉淀法、电磁化学法、光催化法的主要申请人则集中在高校和科研院所；除净水器外，其他经营水污染治理技术的企业暂未形成领先的技术优势。

4.2　建议

在我国，高校作为国家科技创新的重要源泉，是科技成果的供给侧、专利产出的主力军，然而高校知识产权和科技成果转化工作仍存在"重数量，轻质量""重申请，轻实施"等问题。另外，企业在该领域的专利技术单一，尚缺乏独特竞争优势。而在日本，该领域的专利申请主体以企业为主，说明了我国在该领域的专利技术转化和应用与日本还存在一定的差距。

一是在创新研发方面。加强对产学研政策支持，落实相关配套措施，指导高校、科研院所和企业进行资源的合理配置，加强企业与高校的合作研发，进行产研协同，突出转化应用的导向性作用，筛选出具有良好实施前景的技术成果，推动产业创新与应用转化。

二是在专利布局层面。在节能环保产业中，水污染治理技术领域研究门槛相对不高，虽然广东省内该领域的申请量位居全国第2，但是要真正得到高质量发展，应重点提升专利质量，而非数量，尤其是在过滤分离、生物处理、吸附法、氧化还原法、絮凝沉淀法等技术均已发展成熟的基础上，应从工艺参数以及生产流程等具体的参数方面进行研发创新，进一步提高处理效率。

三是在产业层面。水污染治理相关专利技术在珠三角地区已形成一定的集聚效应，可以构建以珠三角地区为龙头，带动广东省周边地市同步发展的格局。根据区域特色，打造专利示范企业、高价值专利培育平台等，从而实现产业的递进式发展。

先进材料产业专利分析

黄 菲 赵 飞 王在竹 黄洁芳

广东省知识产权保护中心

2020 年发布的《广东省发展先进材料战略性支柱产业集群行动计划（2021—2025 年）》中指出，广东省先进材料产业在全球价值链地位稳步提升，但产业布局有待进一步完善，关键核心技术水平和高端产品有待进一步提高，骨干企业竞争力有待进一步加强。基于此，本文从先进材料产业的产业规模、国内外发展现状、知识产权概况三个方面进行分析研究，并对我国先进材料产业发展提出相关建议。

第1章 先进材料产业概况

1.1 先进材料产业分类

材料是工业及制造业的重要基础，新材料的研究与发展对工业及制造业具有重大的影响。新材料包括先进基础材料、关键战略材料和前沿新材料三大方向，其中，先进基础材料（以下称为先进材料）的技术提升和升级换代，是实现工业转型升级的关键，对提升产业整体竞争力尤为重要。

先进材料按照细分领域可分为钢铁材料、有色金属材料、石油与化工材料、轻工材料、建筑材料、纺织材料和稀土材料。先进材料的 7 个细分领域又分别包含多个关键技术，各细分领域的具体关键技术如表 1-1 所示。先进材料的各细分领域各具特点，广泛应用于车辆船舶、城市建筑、石油化工、航空航天等领域，成为高端制造业的重要保障。

表 1-1 先进材料的细分领域及关键技术

	细分领域	关键技术
先进材料	钢铁材料	高品质特殊钢，绿色化与智能化钢铁制造流程，高强度大规格易焊接船舶与海洋工程用钢，高性能交通与建筑用钢，面向苛刻服役环境的高性能能源用钢。
	有色金属材料	大规格高性能轻合金材料，高精度高性能铜及铜合金材料，新型稀有/稀贵金属材料，高品质粉末冶金难熔金属材料及硬质合金，有色/稀有/稀贵金属材料先进制备加工技术。
	石油与化工材料	基础化学品及关键原料绿色制造，清洁汽柴油生产关键技术，合成树脂高性能化及加工关键技术，合成橡胶高性能化关键技术，绿色高性能精细化学品关键技术，特种高端化工新材料。
	轻工材料	基于造纸过程的纤维原料高效利用技术及纸基复合材料，塑料轻量化与短流程加工及功能化技术，生态皮革关键材料及高效生产技术、绿色高效表面活性剂的制备技术，制笔新型环保材料。

续表

	细分领域	关键技术
先进材料	建筑材料	特种功能水泥及绿色智能化制造，长寿命高性能混凝土，特种功能玻璃材料及制造工艺技术，先进陶瓷材料及精密陶瓷部件制造关键技术，环保节能非金属矿物功能材料。
	纺织材料	化纤柔性化高效制备技术，高品质功能纤维及纺织品制备技术，高性能工程纺织材料制备与应用，生物基纺织材料关键技术，纺织材料高效生态染整技术与应用。
	稀土材料	稀土磁功能、光功能、吸波、催化、陶瓷等功能材料及器件，高性能稀土储氢材料、高纯靶材及薄膜、功能助剂等材料及技术，高丰度稀土应用。

1.2 先进材料产业规模

2016—2019年，全球新材料的产值每年均处于增长态势，如图1-1所示，从2016年的2.09万亿美元增长至2019年的2.82万亿美元，每年的增长率均超过10%，年平均增长率为8.7%。

2018—2019年全球新材料产业结构统计如图1-2所示，从新材料产业的产值结构来看，2018—2019年，全球新材料产业中占比最大的均为先进材料。2018年全球新材料产业中，先进材料的产值占比为58.6%；2019年先进材料的产值占比有所下降，但占比仍为最大，为49%。可以看出，目前先进材料为全球最主要的新材料需求产品。

数据来源：新材料在线、前瞻产业研究院。

图1-1 2016—2019年全球新材料产值统计

数据来源：新材料在线、前瞻产业研究院。

图 1-2　2018—2019 年全球新材料产业结构统计

第 2 章　国内外先进材料产业发展情况

2.1　国际先进材料产业发展政策

先进材料产业已成为各国的战略性产业,多个国家将先进材料产业作为本国的重点发展产业。尤其是美国、德国、日本等发达国家,拥有先进材料的领先技术,对先进材料的技术发展给予高度重视。

美国早在 2012 年就提出《先进制造业国家战略计划》,促进先进材料产业的发展;并于 2018 年发布《2020 财年行政机构研发预算优先事项》备忘录,重点强调大力开发先进材料及相关加工技术。美国依靠其强大的科技实力,在先进材料的各产业领域处于世界领先地位。其在石油与化工材料、建筑材料、有色金属等产业均处于全球领先地位,形成了陶氏、杜邦、3M、宣伟、伊士曼等一批全球巨头材料企业。

德国在 2012 年的"原材料经济战略"科研项目中强调开发能够高效利用并回收原材料的特殊工艺,加强稀土、铟、镓、铂族金属等的回收利用;并于 2019 年公布了《国家工业战略 2030》计划草案,有针对性地扶持重点工业领域。德国在石油与化工材料领域具有全球领先技术,行业巨头企业有巴斯夫、赢创等。

日本在《第五期科学技术基本计划(2015—2020)》中,提出优先推进"综合型材料开发系统"的建设工作。日本在石油与化工材料、纺织材料产业具有全球领先技术,行业巨头企业有日立化学、旭化成等。

韩国在 2011 年提出了《新增长动力规划及发展战略》,相关内容包括大力发展发光二极管、新型半导体等材料,暂未涉及先进材料。韩国在石油与化工材料产业具有先进水平,行业巨头企业有三星、LG 化学、SK 化学等。

俄罗斯在 2012 年发布了《2030 年前材料与技术发展战略》,将 18 个重点材料战略列为发展方向,其中包括金属间化合物、含铌复合材料等。

2.2　国内先进材料产业发展政策

《中国制造 2025》明确提出"要加快升级换代先进材料"。近年来,国家及各省市陆续出台了多个涉及先进材料的发展政策。2016年"'重点基础材料技术提升与产业化'重点专项"、《新材料产业发展指南》，2017年《"十三五"材料领域科技创新专项规划》，2018年《原材料工业质量提升三年行动方案（2018—2020年）》，2019年《重点新材料首批次应用示范指导目录（2019年版）》等文件，均强调重点发展先进材料产业，突破关键核心技术，加快先进材料产业转型升级。

我国各省市的先进材料产业政策及布局如图2-1所示，各省市结合当地的优势及特点，布局先进材料产业各细分技术领域的发展方向，形成各细分技术领域的产业集群。我国先进材料产业已逐渐形成产业集群式的发展模式，基本形成了以长三角、珠三角重点发展，中西部特色发展的产业集群。

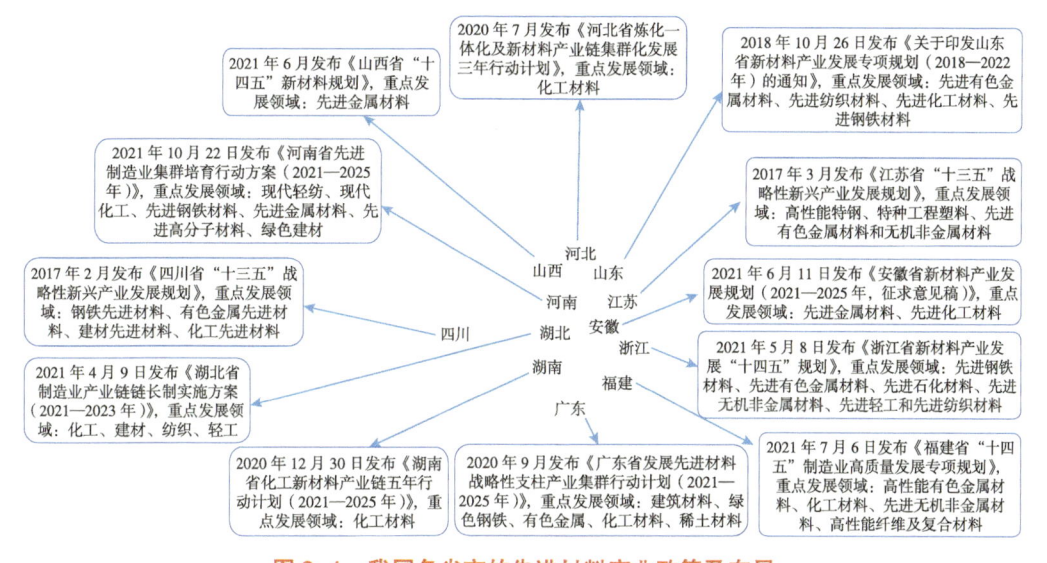

图2-1 我国各省市的先进材料产业政策及布局

珠三角地区重点发展的先进材料领域范围广泛，包括建筑材料、绿色钢铁、有色金属、化工材料、稀土材料，几乎涵盖了先进材料的所有细分领域；长三角地区中，江苏省重点发展的先进材料领域包括高性能特钢、特种工程塑料、先进有色金属材料和无机非金属材料，浙江省重点发展的先进材料领域包括先进钢铁材料、先进有色金属材料、先进石化材料、先进无机非金属材料、先进轻工和先进纺织材料；中西部地区，针对各自的优势产业重点聚集发展，湖南省重点发展化工材料，安徽省重点发展先进金属材料、先进化工材料，山西省重点发展先进金属材料。

2.3 国内先进材料产业发展现状

我国先进材料产业起步较晚、基础薄弱，经过近年来的高速发展已形成一定的产业规模，但仍面临严峻的挑战。我国先进材料产业的发展现状主要表现在以下4个方面：

第一，产业规模大。我国先进材料产业的规模不断壮大，形成了庞大的材料生产规模，尤其是钢铁、有色金属、稀土金属等材料的产量达到世界第一位。同时，超级钢、电解铝等关键技术的突破，促进了钢铁、有色金属等先进材料产业的转型升级。

第二，逐渐形成产业集群。我国逐步建立了以企业为主体、市场为导向、产学研结合的先进材料创新体系；各省各有所长、热点纷呈，依托地区资源优势，形成了长三角、珠三角全面发展，中西部地区特色发展的产业集群。

第三，关键技术有待突破。我国企业对先进材料的原创性、基础性、支撑性的认识程度不够，关键基础技术成为我国先进材料技术的短板，部分核心技术、工艺及装备仍依赖进口，存在"卡脖子"问题，对产业安全构成一定的风险。

第四，创新能力有待提高。目前我国先进材料的技术研发以跟踪国外巨头企业较多，原始性创新较少，自主创新能力有待提高。健全的科研体系欠缺，研发机制仍需进一步完善；产学研合作关系不紧密，缺乏高效的沟通合作机制。

第 3 章　先进材料产业的知识产权概况

对先进材料产业的国内外专利进行检索，对近 20 年的专利申请量、专利诉讼量、申请人排名、专利转让量、PCT 专利申请量进行分析。

3.1　专利申请量逐渐增长

在先进材料的技术开发和产业化过程中，知识产权日益成为企业竞争力的核心，专利作为知识产权中最重要的组成部分，最能反映企业的自主创新水平。

先进材料产业专利申请态势如图 3-1 所示，近 20 年来，全球及中国在先进材料技术领域的专利布局不断增强，全球专利申请量从 2001 年的 338209 件逐渐增长，至 2017 年达到峰值 589951 件，2018 年至今，全球专利申请量趋于平稳，伴有小幅度回落。中国在先进材料产业的专利申请量增长迅速，从 2001 年的 22236 件，增长至 2020 年的 377281 件。可以看出，中国的专利申请在全球的占比不断增长，至 2021 年，中国在先进材料产业的专利申请在全球中占比高达 69.3%，说明中国在先进材料产业的知识产权意识及知识产权实力在全球位于前列。

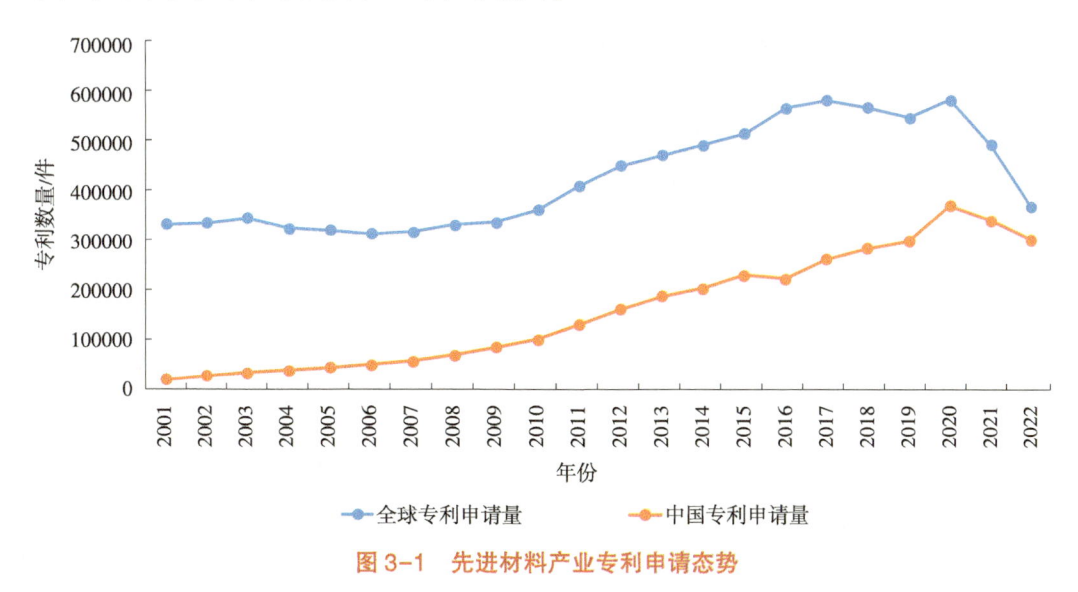

图 3-1　先进材料产业专利申请态势

3.2 专利诉讼量逐渐减少

先进材料产业专利诉讼态势如图 3-2 所示，2001—2014 年，随着先进材料产业技术的不断发展，全球专利诉讼量逐渐增多；而 2015 年之后，随着技术发展进入平稳期，全球专利诉讼量大量减少，从 2015 年的 13385 件，减少至 2020 年的 2805 件。中国在先进材料产业的专利诉讼量较少，2012 年达到峰值时为 394 件，2020 年仅为 2 件。说明先进材料产业的关键核心技术大多掌握在国外企业手中，且国外企业善于利用专利作为技术武器，对竞争对手提起诉讼；并且，我国企业也面临着国外巨头企业的高额专利诉讼。例如，2015 年，亨斯迈先进材料（瑞士）有限公司诉浙江科永化工有限公司、上海科华染料工业有限公司侵犯其"偶氮染料及制备方法与用途"专利权，浙江科永化工有限公司、上海科华染料工业有限公司被判立即停止侵害、赔偿亨斯迈先进材料（瑞士）有限公司经济损失 1400 万元。

图 3-2 先进材料产业专利诉讼态势

3.3 技术巨头多为国外企业

先进材料产业全球专利申请人排名如图 3-3 所示，在全球专利申请人前 10 位中，7 位为国外企业，仅 3 位为中国申请人。排名第 1 位的为德国的巴斯夫，其在先进材料产业的专利申请量为 36757 件；排名第 2 位的为韩国的 LG 化学，其在先进材料产业的专利申请量为 34509 件；排名第 3 位的为美国的陶氏，其在先进材料产业的专利申请量为 22114 件。中国申请人鸿海精密工业股份有限公司、中国石油化工股份有限公司、华南理工大学分别位于第 6 位、第 8 位和第 10 位，专利申请量分别为 18912 件、14972 件和 8003 件。可以看出，国际巨头企业多为外国企业，且国外巨头企业的专利布局数量巨大，中国企业与国际巨头企业的专利申请量存在一定的差距。

申请人	专利数量/件
巴斯夫	36757
LG化学	34509
陶氏	22114
浦项钢铁	21819
3M创新	21624
鸿海精密工业股份有限公司	18912
富士胶片	18900
中国石油化工股份有限公司	14972
丰田汽车	11864
华南理工大学	8003

图 3-3　先进材料产业全球专利申请人排名

3.4　专利转让量趋于平稳

先进材料产业专利转让态势如图 3-4 所示，先进材料产业的专利转让态势与专利申请态势相一致，2017 年之前，随着技术发展，全球专利转让量不断增加，从 2001 年的 38834 件，增加到 2017 年的 136073 件；2017 年之后，全球专利转让量趋于平稳，并有所回落。中国在先进材料产业的专利转让量增长较为迅速，从 2001 年的 15 件，增加至 2020 年的 47787 件，近年来也趋于稳定。可以看出，中国在先进材料产业的专利转让已初具规模，说明中国在先进材料产业的专利运营情况较好。

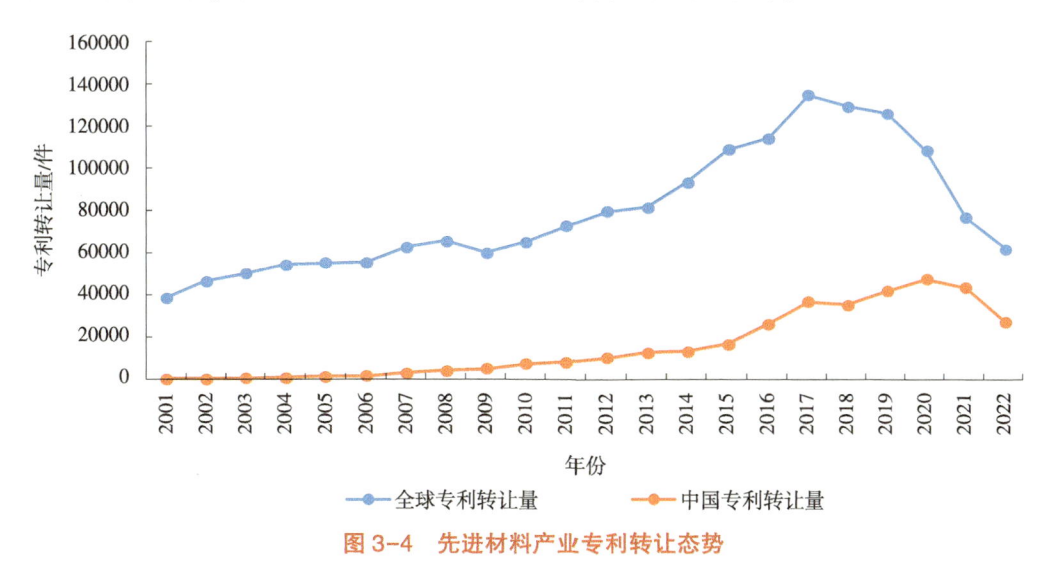

图 3-4　先进材料产业专利转让态势

3.5 PCT 专利申请量逐渐增多

先进材料产业 PCT 专利申请态势如图 3-5 所示，近 20 年来，先进材料产业全球 PCT 专利申请量处于稳步增长态势，近年来全球 PCT 专利申请量维持在 25000 件左右；中国申请人在先进材料产业的 PCT 专利申请量逐步增加，从 2001 年的 87 件，增加至 2020 年的 2756 件。说明中国申请人的专利海外布局意识逐渐提高，但与全球 PCT 专利数量仍有一定的差距。

图 3-5　先进材料产业 PCT 专利申请态势

第4章 发展建议

第一，突破关键技术，培养龙头企业。目前，在先进材料产业中，大多数关键技术仍掌握在国外巨头企业手中，国内企业的自主创新能力有待提高。我国企业应充分发挥产业集群优势，从技术研发、资源利用等方面进行深度的合作，促进关键技术的加快突破，提高我国先进材料关键技术的自主性；同时，在各产业集群中培养具有领先优势的龙头企业，逐渐形成具有国际竞争力的巨头企业。

第二，加强专利运营，促进成果转化。我国在先进材料产业的专利转让量已达到一定的规模，但专利转让多为企业与其子公司之间的相互转让，企业之间、科研机构与企业之间的技术转让并不多，说明我国在先进材料产业的技术成果转化率并不高。建议加强专利运营相关平台建设，鼓励资本进入成果转化和技术创新环节，加大力度唤醒"沉睡的专利"，促进先进材料技术的转移转化及产业化应用。

第三，加强专利海外布局，提高海外市场竞争力。随着我国先进材料产业的技术发展，我国的先进材料产品也逐步走向世界。但我国申请人的PCT专利数量与全球PCT专利数量仍有一定的差距，我国的先进材料产品在国外面临着较大的知识产权海外侵权风险，应当针对纠纷提高警惕并做好预案。我国的先进材料企业可重点考虑产品经营或出口的主要区域以及主要竞争对手所在国家/地区，针对产品市场份额最大以及专利法律体系较为完备的区域进行专利海外布局，使得其技术在海外也能受到专利保护，提高其海外市场竞争力。

第四，开展产学研合作，提高创新能力。我国在先进材料产业专利申请量排名靠前的专利权人中，既有企业也有高校院所。企业在技术研发过程中容易遇到人才缺失、资源缺失等情况，然而高校院所拥有丰富的科研人才和科研资源。企业在先进材料产业进行技术研发时，可考虑与该领域具有研发优势的高校院所进行产学研合作。从而加强企业和高校之间的资源相互利用，促进高校技术研发的产业化，提高企业的创新能力。

集成电路产业专利信息简报

王在竹　赵　飞　黄洁芳　黄　菲

广东省知识产权保护中心

集成电路产业是信息技术产业的核心，是支撑经济社会发展和保障国家安全的战略性、基础性和先导性产业，已逐渐成为衡量一个国家或地区综合竞争力的重要标志。本文拟对集成电路领域的国内外专利申请进行分析，阐明该领域的专利技术发展趋势，分析国内外专利布局的差异，以为国内集成电路产业技术创新主体的专利技术保护提供建议和参考。

第1章 概述

1.1 集成电路产业简介

集成电路（Integrated Circuit，IC）是指通过一系列特定的加工工艺，将晶体管、二极管等有源器件和电阻器、电容器等无源器件，按照一定的电路互连，"集成"在半导体晶片上，封装在一个外壳内，执行特定功能的电路或系统。随着工艺水平和封装技术的提升，集成电路又逐步由小规模（SSI）、中规模（MSI），逐步发展至大规模（LSI）、特大规模（VLSI）乃至巨大规模（GSI）。

如图1-1所示，集成电路产业链从上游到下游依次包括芯片设计、芯片制造和封装测试三个环节。设计产业发展能为整个集成电路产业的增长注入新的动力和活力，有利于带动中下游的其他产业。集成电路制造是实现由设计到产品的核心技术，制造环节是整个产业链能够运转的重要支撑。封装是集成电路产业链中的重要工序，封装质量的好坏直接决定了该集成电路的性能优良甚至成功与否。

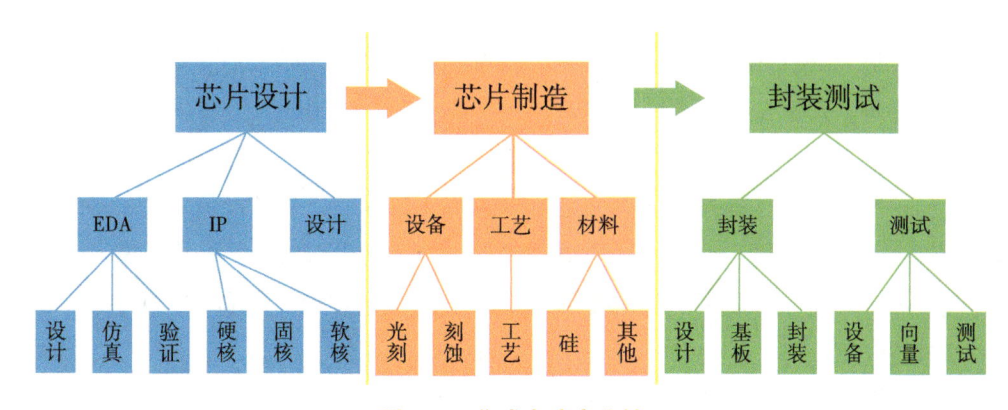

图1-1 集成电路产业链

1.2 全球集成电路发展状况

集成电路产品从小规模集成电路逐渐发展到现在的超大规模集成电路，整个集成电路产品的发展经历了传统的板上系统到片上系统的过程。在这一历史过程中，世界集成电路产业为适应技术的发展和市场的需求，其产业结构经历了三次变革。第一次变革是以加工制造为主导的集成电路产业发展的初级阶段；第二次变革体现为以制造加工为主的代工型企业与专注芯片设计的集成电路设计企业的分离发展；第三次变革则出现"四业分离"的集成电路产业，即形成了设计业、制造业、封装业、测试业独立运营的局面。

2019年全球集成电路产业结构中，制造环节占比58%，设计环节占比26%，封测环节占比16%。随着以物联网、人工智能、汽车电子、智能手机、智能穿戴、云计算、大数据及安防电子等为主的新兴应用领域需求不断增长，全球集成电路产业迅速发展。根据WSTS的统计，2018年全球集成电路行业收入为3933亿美元，2019年受全球宏观经济低迷影响，集成电路行业景气度有所下降，行业收入规模同比下降16%，为3304亿美元。2019年下半年开始，集成电路市场逐步回暖。伴随2020年5G建设的快速发展、可穿戴设备及云服务器市场的稳健成长，全球集成电路行业收入较2019年有所增长。2021年全球集成电路行业持续保持复苏势头，预计至2025年全球集成电路行业将保持稳步增长的趋势。

从全球竞争格局的角度看，集成电路产业的头部效应较为明显，少数领军企业占据了市场的主导地位。目前，全球集成电路市场主要由美国、韩国、日本以及中国台湾企业所占据，Gartner数据显示，2020年全球前10大集成电路厂商中，6家为美国企业、2家为韩国企业、1家为日本企业、1家为中国台湾企业。

1.3 中国集成电路发展状况

我国作为全球集成电路产业发展最具活力的地区之一，已初步形成以长三角、环渤海、珠三角三大核心区域聚集发展的产业空间格局。其中，长三角和珠三角在集成电路设计领域表现尤为亮眼。

长三角地区是中国集成电路产业基础最扎实、技术最先进的区域，产业规模占全国半壁江山，设计、制造、封测、装备、材料等产业链全面发展。其中，集成电路制造行业本土企业有中芯国际、华虹集团、合肥睿力、华润微电子等。2020年长三角地区集成电路设计业销售额为1599.7亿元，占全国的比重为39%。珠三角地区以深圳市为主阵地，汇聚一批半导体企业，如华为旗下的海思半导体有限公司、中兴微电子、汇顶科技、敦泰科技等国产半导体公司，整个地区的集成电路产业实现快速发展。珠三角地区企业以集成电路设计为主，具备全国领先的技术水平，2020年珠三角地区集成电路设计业销售额为1484.6亿元，占全国的比重为37%。环渤海地区集成电路产业以北京市为主要增长极，汇聚一批全国领先技术水平的企业，如紫光展锐、大唐半导体、智芯微电子、北京华大等企业。目前环渤海地区已基本形成从设计、制造、封装、测试到设备、材料的产业链，具备了相互支撑、协作发展的条件。2020 年环渤海地区集成电路设计业销售额为 557.2 亿元，占全国的比重为 14%。

本文旨在对集成电路领域的国内外专利申请进行分析，阐明该领域的技术发展趋势，分析国内外专利布局的差异，为我国集成电路产业的发展和专利技术保护提供建议和参考。

1.4 专利分析策略

本文按照产业链的顺序，将集成电路产业划分为芯片设计、芯片制造、封装测试三个一级技术分支，针对上述技术分支分别进行专利检索。检索数据库为 incoPat，数据范围涵盖申请日在 2001 年之后且在 2022 年 12 月 31 日之前公开的专利申请。

第 2 章 集成电路产业全球专利分析

本部分从专利申请趋势、地域分布、技术构成和主要申请人等多个维度对集成电路产业 2001 年以来的全球专利申请态势进行分析，以揭示该领域的全球专利技术现状和发展趋势。

2.1 申请趋势

图 2-1 是 2001 年以来集成电路产业的全球专利申请趋势，由图 2-1 可知，在 2001—2020 年，相对于芯片制造和封装测试，芯片设计的整体专利申请量较少，2020 年的最高申请量为 8157 件，且其整体的变化幅度较小，说明其技术发展已经日趋成熟。芯片制造领域的专利申请量最高，且呈现明显的阶段性特征，以 2010 年为界，第一个峰值为 2004 年，申请量达到 32600 件，之后一直到 2010 年专利申请量呈现明显的下降趋势；第二个峰值为 2020 年，申请量达到 35140 件。2010 年以后，封装测试领域的专利申请呈现快速增长，2020 年的专利申请量已基本与芯片制造持平，说明近 10 年来封装测试领域的研究热度较高，技术发展较快。此外，因专利申请的最长公开时间为 18 个月，2021—2022 年的专利申请量统计数据较实际数据偏少。

图 2-1 全球专利申请趋势

2.2 地域分布

2.2.1 全球主要国家/地区专利分布

对集成电路产业 2001 年以来全球主要国家/地区的专利申请量进行分析，由图 2-2 可知，2001 年以来中国大陆的专利申请量一直保持快速增长趋势，其申请量占全球的份额也在不断增大，2009 年和 2012 年先后超过日本和美国，成为专利年申请量排名第一的国家。而美国的专利年申请量的变化幅度较小，日本的专利年申请量则呈现连续降低的趋势。说明 2001 年以来，中国的集成电路产业发展迅速，而美国和日本的技术发展趋于稳定。

图 2-2 全球主要国家/地区专利申请趋势

2.2.2 专利申请来源与目标国/地区分布

根据专利申请人来源国家/地区和专利公开国家/地区，分析 2001 年以来集成电路领域专利申请的技术来源和目标国家/地区分布及各个国家/地区专利申请的海外布局情况。

如图 2-3 和表 2-1 所示，由专利申请人来源国家/地区的分析可知，集成电路领域的主要技术来源地区为日本、中国大陆和美国，分别约为 36 万件、34 万件和 28 万件。其中专利申请总量最多的为日本，其海外专利申请主要流向为美国、中国大陆、韩国和中国台湾，海外专利申请占比达到 52.99%。中国大陆的专利申请总量排名第二，但是主要是在国内进行申请，其海外专利申请占比仅为 4.39%，说明国内创新主体的市场需求主要集中于国内，对于海外市场的重视不足。中国大陆的海外专利申请流向最多的国家也是美国。欧洲专利局（EPO）来源的专利申请总量约10万件，其中仅在美国的专利申请就达到4万余件，占比达到总申请量的41.5%，远远超过其在本土和其他国家/地区的专利申请量，其海外专利申请占比达到总申请量的79.23%，排名第一。由此可见，日本、中国和欧洲的申请人均在美国进行了大量的专利布局，美国是最重要的海外市场之一。美国的专利申请总量约为28万件，其主要的目标市场为美国本土，其次为日本和中国大陆，其海外申请的占比超过总申请量的40%。此外，中国台湾和韩国也进行了较多的海外布局，占比均超过40%。

图 2-3　全球主要国家/地区专利申请来源与目标国家/地区分布

表 2-1　全球主要国家/地区专利申请来源与目标国家/地区分布　　单位：件

专利来源 专利目标	日本	中国大陆	美国	韩国	欧洲专利局（EPO）	中国台湾	合计
中国大陆	34325	325294	25720	9441	17578	0	412358
美国	76440	9211	165452	23806	41944	24435	341288
日本	169341	980	28269	4572	5661	674	209497
韩国	32298	854	15649	65734	9569	1876	125980
中国台湾	29591	2334	19252	4208	5300	20132	80817
欧洲专利局(EPO)	18227	1563	23550	2526	20981	649	67496
合计	360222	340236	277892	110287	101033	47766	1237436
海外布局占比	52.99%	4.39%	40.46%	40.40%	79.23%	57.85%	

由专利公开国家/地区的分析可知，中国大陆是专利申请公开最多的地区，总量达到41万件，国内申请占比接近79%，除国内申请之外，其专利申请主要来源于日本、美国、欧洲和韩国。说明中国大陆目前是集成电路领域重要的目标市场，该领域的主要技术来源国家/地区均在中国大陆进行了专利布局。

2.3 技术构成

图2-4为2001年以来全球主要国家/地区的专利技术构成。首先，从总体技术构成来说，全球集成电路领域的专利申请中占据主体地位的技术分支为芯片制造（占比51%）和封装测试（占比37%），而芯片设计的专利申请仅占总申请量的12%。说明封装测试和芯片制造两个技术分支是近年来的研究热点。

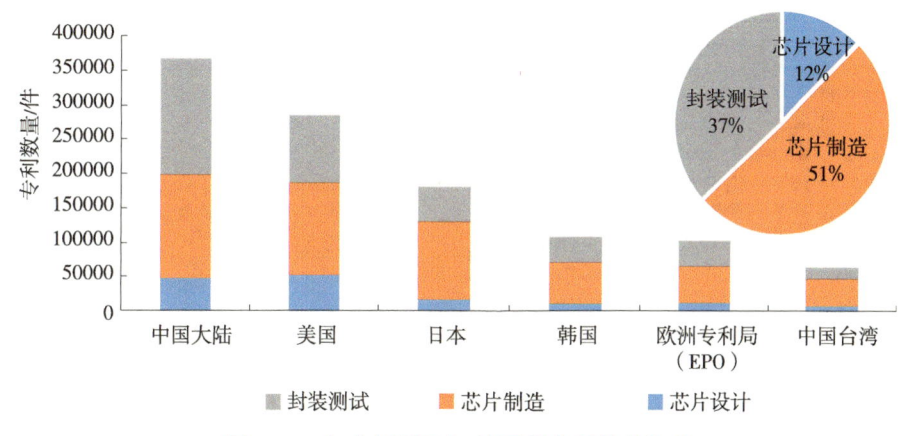

图2-4 全球主要国家/地区的专利技术构成

从不同国家/地区的技术构成来说，中国大陆的专利申请占比最多的为封装测试（占比为45.79%），其次为芯片制造（占比为41.36%）和芯片设计（占比为12.84%）。而美国、日本、韩国、欧洲专利局（EPO）和中国台湾的专利申请占比最多的是芯片制造（占比依次为47.75%、63.34%、55.77%、52.85%、63.14%），其次为封装测试和芯片设计。反映了中国大陆和美国、日本、韩国等其他国家/地区相比，在集成电路产业链布局上，芯片制造环节还相对比较薄弱。

2.4 主要申请人

以申请人为基础，对集成电路领域的全球申请主体的专利申请数量进行分析，并按照申请数量由多到少进行排名，结果如图2-5所示。由图可知，在集成电路领域，全球专利申请数量排名前9位的申请人，其申请量均在10000件及以上，其中申请量最多的为韩国三星集团，申请量排名第2~5位的分别为台积电（中国台湾）、富士胶片（日本）、应用材料（美国）和乐金集团（韩国）。从申请人地域来说，全球排名前10位的申请主体中，有5家来自日本（富士胶片、佳能、松下、住友、信越），2家来自美国（应用材料、英特尔），2家来自韩国（三星、乐金），1家来自中国（台积电）。结合图2-3和表2-1可知，在集成电路领域，日本不仅是最大的专利申请来源国，且处于行业龙头地位的申请人也最多。中国虽然是第二大专利申请来源国,但是具有行业领先地位的创新主体较少。

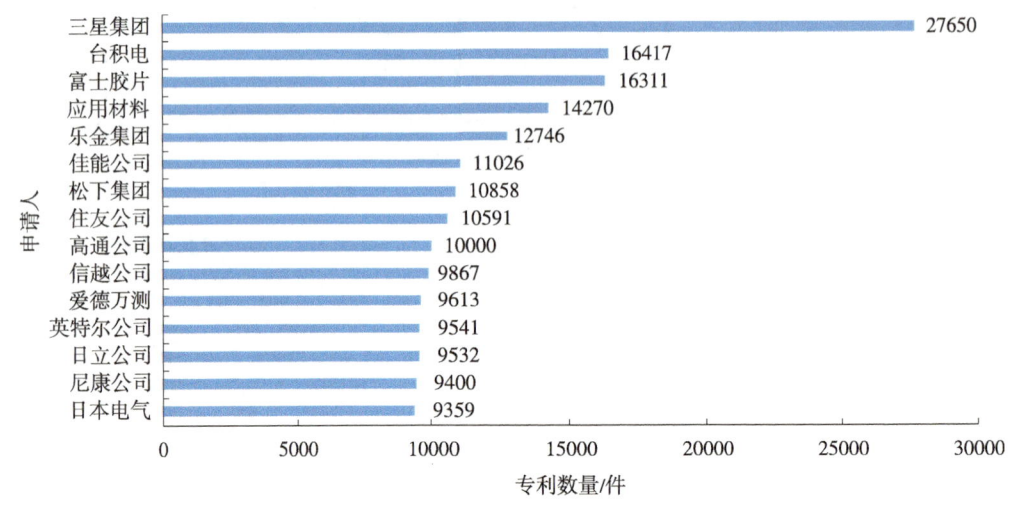

申请人	专利数量/件
三星集团	27650
台积电	16417
富士胶片	16311
应用材料	14270
乐金集团	12746
佳能公司	11026
松下集团	10858
住友公司	10591
高通公司	10000
信越公司	9867
爱德万测	9613
英特尔公司	9541
日立公司	9532
尼康公司	9400
日本电气	9359

图 2-5　全球申请人排名

2.5　小结

由本章的分析可知,近年来,全球集成电路产业中,芯片制造和封装测试两个技术分支的专利申请量占据主体地位,且增长迅速。中国的集成电路产业发展迅速,专利申请量一直保持快速增长,全球排名第一。相比而言,美国和日本的专利申请量保持稳定或下降,技术发展趋于稳定。

从技术来源和目标市场而言,日本是该领域最大的专利申请来源国,且拥有富士胶片、佳能、松下、住友、信越等多家行业龙头企业。中国是该领域第二大专利申请来源国和专利公开数量最多的国家,但是具有行业领先地位的创新主体较少。

在海外布局方面,欧洲申请主体的海外布局最多,美国是各个国家海外专利布局的首选区域。中国申请主要集中于国内,海外专利布局明显不足。

在产业链方面,美国、日本、韩国等国家芯片制造的申请量占比最多,相对而言,中国在芯片制造环节还存在不足。

第3章 集成电路产业中国专利分析

本部分从专利申请趋势、地域分布、技术构成和主要申请人等多个维度对集成电路产业2001年以来的中国专利总体情况进行分析,以揭示该领域中国专利技术的现状和发展趋势。

3.1 申请趋势

共检索到集成电路领域2001年以来中国专利申请334513件,其中涉及芯片设计的申请47068件,涉及芯片制造的申请151583件,涉及封装测试的申请167801件。图3-1展示了2001年以来集成电路领域各技术分支的中国专利申请量变化趋势。通过图3-1可以看出,2010年以前,各个技术分支的专利年申请量较少,小于5000件,且增长缓慢;2010年后,中国的集成电路产业快速发展,芯片设计、芯片制造和封装测试的专利申请量均呈现快速持续的增长趋势,其中封装测试方面的专利申请量增长最快,2020年的申请量已达到22417件。从技术分支的构成来看,封装测试的比例最高(占比约为46%),芯片制造次之(占比约为41%),芯片设计的申请占比最低,反映了我国在集成电路产业链方面,相对于芯片设计和芯片制造,下游的封装测试技术的发展更为活跃。

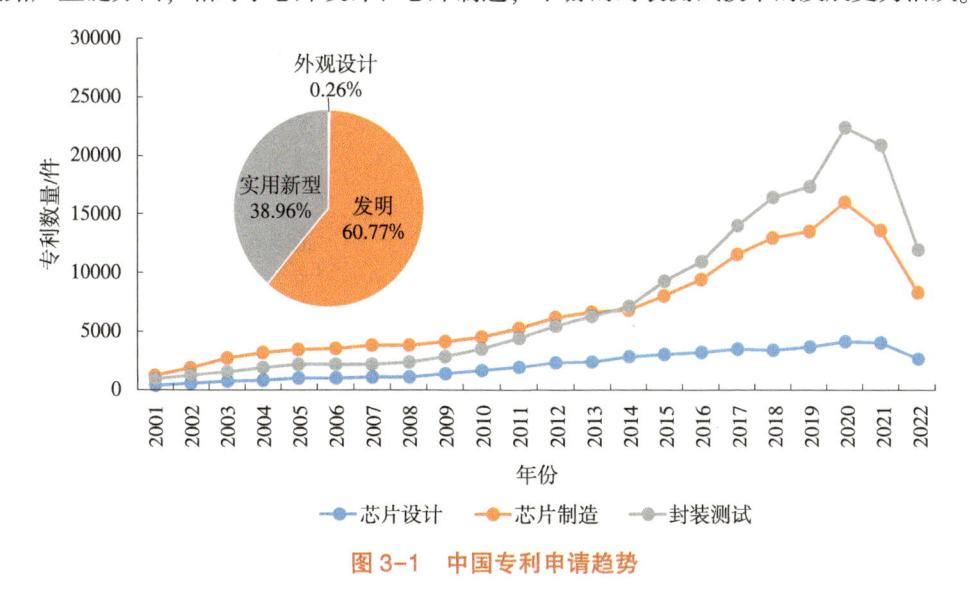

图 3-1 中国专利申请趋势

在专利类型方面，我国在集成电路领域的专利申请以发明专利为主，占比超过60%，实用新型专利为辅，占比约为39%；较高的实用新型专利占比，说明我国在该领域的技术实力还有待进一步提高。此外，因专利申请的最长公开时间为18个月，2021—2022年的专利申请量统计数据较实际数据偏少。

3.2 地域分布

3.2.1 专利申请来源国家/地区

对集成电路领域中国专利申请的申请人所在国家/地区进行统计分析，结果如图3-2所示，国内申请人的专利申请量占总申请量的81.81%，说明中国在集成电路领域的技术创新主要来源于国内。国外来华的专利申请中，占比较高的依次为日本、美国、欧洲专利局（EPO）和韩国，其中日本和美国的专利申请占比均超过5%。这也说明中国是集成电路领域的重要目标市场之一，该领域的主要技术来源国家/地区均在中国进行了专利布局。

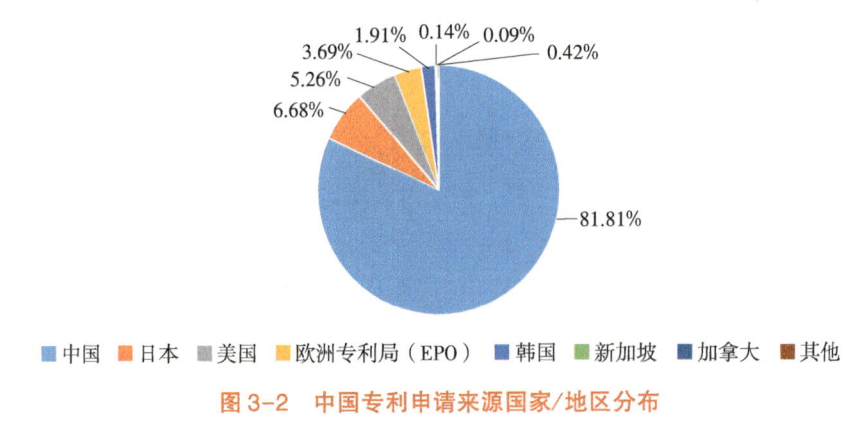

图3-2 中国专利申请来源国家/地区分布

3.2.2 专利申请省市分布

对中国专利申请的国内申请人所在省市进行分析，如图3-3所示，江苏、广东、北京、浙江和上海是专利申请量排名前5位的省市，其专利申请量均超过2万件。此外，山东、四川和安徽的申请量也超过了1万件。由此可见，我国集成电路领域的专利技术创新主要集中在以江苏、浙江、上海为代表的长三角地区、以广东为代表的珠三角地区和具有优势科研力量的北京市以及山东、四川、安徽等内陆地区。

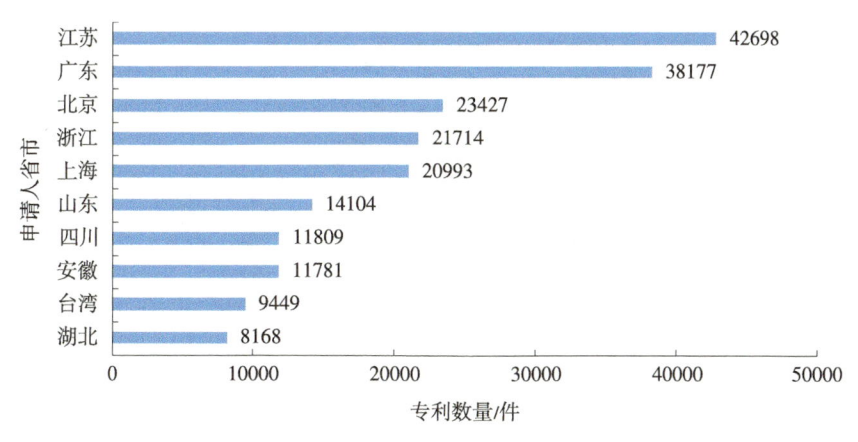

图3-3 中国专利申请省市分布

3.3 技术构成

图3-4显示了集成电路领域中国各省市专利申请的技术分布。总申请量上，封装测试和芯片制造领域的专利申请在产业链中的占比较大，分别为46%和41%。在省市地域分布上，专利申请总量排名前10位的省份中，江苏、广东、浙江和北京在封装测试领域的申请在10000件以上，江苏、广东、北京和上海在芯片制造领域的申请量较多，广东、江苏、上海和北京在芯片设计领域申请量均在3000件以上。从各技术分支的占比分析，安徽、山东、浙江、广东、湖北和江苏的封装测试占比均超过50%，上海和台湾的专利申请则以芯片制造为主，占比分别约为45%和47%，台湾、四川和上海在芯片设计领域的专利申请占比相对较高，分别约为24%、23%和18%。

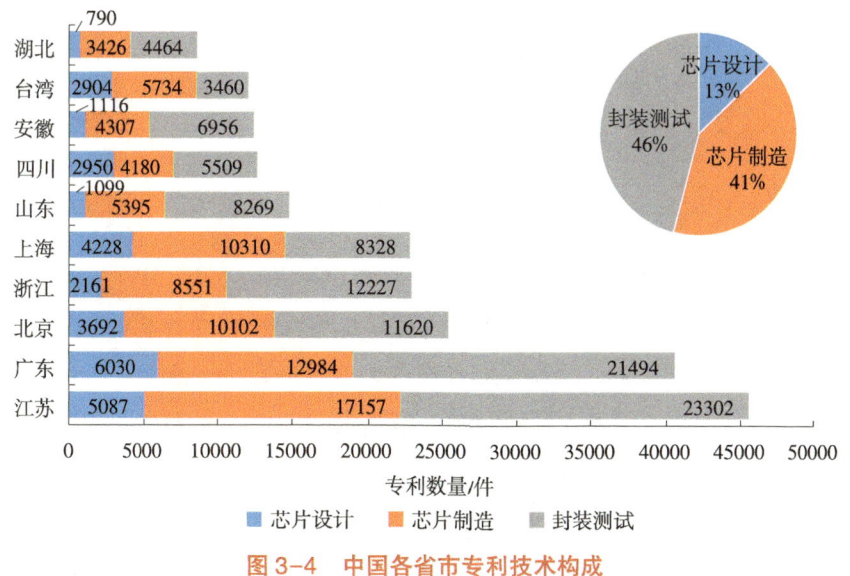

图3-4 中国各省市专利技术构成

总体来说，江苏、广东、北京和上海等省市在整个产业链上下游的专利布局均位于全国前列，产业集群的优势明显，而在产业链内部结构方面，相对于江苏和广东在封装测试方面的优势，上海更侧重于芯片制造方面。

3.4 主要申请人

以申请人为基础，对集成电路领域的中国申请主体的专利申请数量进行分析，并按照申请数量由多到少进行排名，结果如图 3-5 所示。其中申请量排名前两位的为中国科学院和北京北方华创微电子装备有限公司（北京北方微电子基地设备工艺研究中心有限责任公司），二者的申请量接近，均为 4000 件左右。申请量排名第 3~5 位的分别为台积电（中国台湾）、三星集团（韩国）和阿斯麦（荷兰 ASML），其申请量为 2000~3000 件。申请量排名前 15 位的申请主体中，有 7 家来自中国大陆（中国科学院、北京北方华创微电子装备、京东方、中国电科、电子科大、清华大学、中芯国际），2 家来自韩国（三星、乐金），2 家来自美国（应用材料、英特尔），2 家来自日本（松下集团、富士胶片），1 家来自荷兰（阿斯麦）和 1 家来自中国台湾（台积电）。

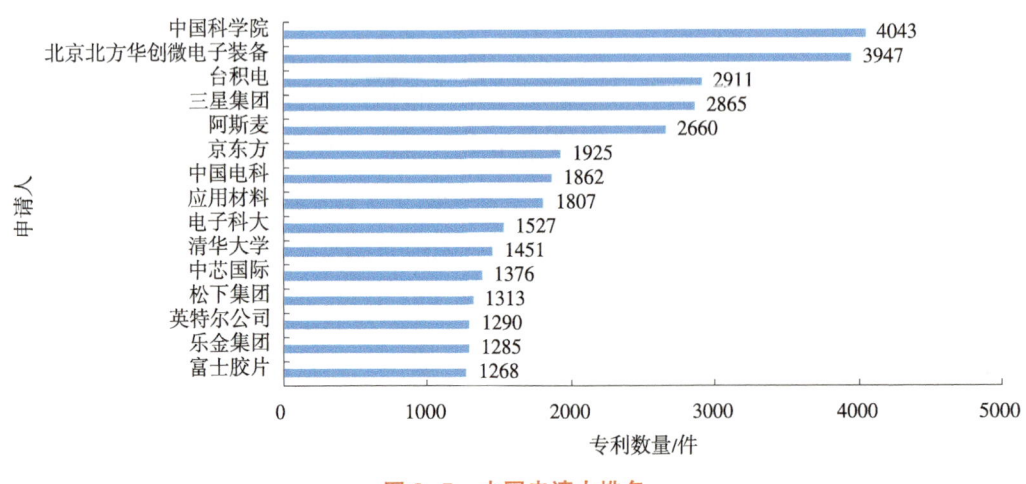

申请人	专利数量/件
中国科学院	4043
北京北方华创微电子装备	3947
台积电	2911
三星集团	2865
阿斯麦	2660
京东方	1925
中国电科	1862
应用材料	1807
电子科大	1527
清华大学	1451
中芯国际	1376
松下集团	1313
英特尔公司	1290
乐金集团	1285
富士胶片	1268

图 3-5 中国申请人排名

结合图 3-2 显示的中国专利申请来源国/地区分布情况可知，中国大陆在集成电路领域的专利技术主要来源于我国大陆地区，就单个申请人的申请量而言，我国大陆地区申请主体的排名位列前茅。此外，来自韩国、美国、日本、荷兰和中国台湾的行业龙头企业在中国大陆也进行了大量的专利申请。从申请主体类型来看，中国专利申请量排名前 15 位的申请人中，有 12 家企业、2 所高校和 1 家研究机构，体现出企业作为国内的主要创新主体在集成电路领域技术研发中的重要作用。

进一步对国内不同类型申请主体的专利申请量进行统计分析，如图 3-6 所示，来自企业的专利申请量最高,占比达到 76.22%,说明企业是国内集成电路领域的主要技术研发力量,该领域专利技术的产业转化程度较高。其次,大专院校和科研单位也是该领域的重要研发力量,二者的专利申请量占比之和为 15.42%。

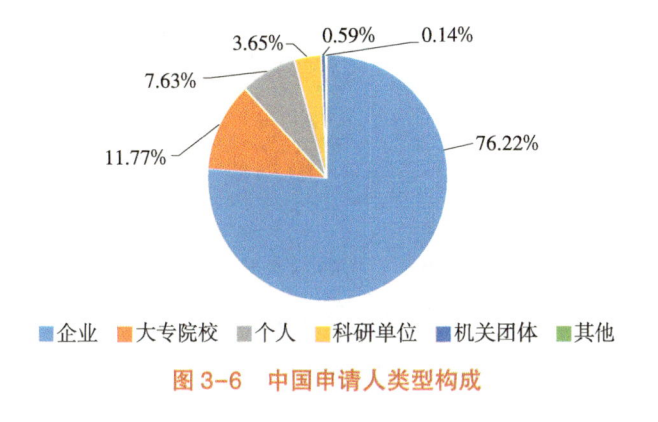

图 3-6 中国申请人类型构成

3.5 小结

2010 年以前,中国集成电路产业的专利申请量较低且增长缓慢;2010 年后,集成电路产业快速发展,特别是封装测试领域的技术创新十分活跃。虽然该领域的总体申请量增长迅速,但是实用新型专利的占比仍然较高,技术实力还有待进一步提高。

从国内技术来源分析,中国在集成电路领域的技术创新主要来源于国内的企业和科研院所。此外,中国作为集成电路产业的重要目标市场,该领域的行业龙头企业也非常重视国内的专利布局。

从地域分布和技术构成来说,中国的集成电路产业主要集中于长三角地区、珠三角地区和科研实力雄厚的北京等地。各省市在产业链内部结构上的侧重点也有所不同。

第 4 章 总结与建议

综合上文对全球和中国集成电路产业的专利申请概况进行分析，从专利技术的创造、保护和运用以及知识产权管理团队建设等方面提出以下建议。

在专利技术的创造方面，建议该领域的相关创新主体在遵循技术发展趋势的基础上，开拓研发思路，围绕核心技术申请专利，优化专利布局；同时加强在重要目标市场国家或地区的专利布局，增强企业在国际市场的竞争力。

在专利技术的保护和运用方面，建议构建产业知识产权联盟，以行业龙头企业为核心，邀请上下游企业、行业协会、知识产权服务机构等参与，搭建综合性知识产权服务平台，加强信息共享和服务对接，增强知识产权保护和抵御外界风险的能力。另外，促进企业与高校、科研机构的对接，推动基础型、原创型技术创新的孵化和产业化，在加强专利技术保护的基础上促进专利转化和运用。

在知识产权管理团队建设方面，建议企业根据不同的专利工作发展阶段，设置符合自身需求的知识产权部门，建立完善的知识产权管理制度，优化企业内部知识产权资源合理配置，提高知识产权工作的成效。

第三代半导体材料产业专利信息简报

张 帆 邓小龙 赵 飞

广东省知识产权保护中心

2020年，广东省科学技术厅、广东省发展和改革委员会、广东省工业和信息化厅、广东省商务厅、广东省市场监督管理局联合印发《广东省培育前沿新材料战略性新兴产业集群行动计划（2021—2025年）》。第三代半导体材料属于代表性的前沿新材料，为贯彻省委、省政府关于推进制造强省建设的工作部署，为省内发展前沿新材料战略性新兴产业，尤其是发展第三代半导体材料领域决策提供参考，进行第三代半导体材料专利态势分析。

第1章　第三代半导体材料发展简介

1.1 第三代半导体材料简介

前沿新材料是广东省十大战略性新兴产业之一,第三代半导体材料属于代表性的前沿新材料。第一代半导体材料主要是指硅、锗元素半导体材料。目前95%以上的半导体器件和99%以上的集成电路都是由硅制作的,但硅的物理性质限制了其在光电子和高频高功率器件上的应用。第二代半导体材料主要是以砷化镓、磷化铟和锑化铟为代表的化合物半导体材料。然而,砷化镓、磷化铟材料资源稀缺,价格昂贵,且具有毒性,污染环境,磷化铟甚至被认为是可疑致癌物质,这些缺点使得第二代半导体材料的应用受到很大限制。

第三代半导体材料主要包括碳化硅(SiC)、氮化镓(GaN)、氮化铝(AlN)、氧化锌(ZnO)和金刚石等禁带宽度大于或等于2.3eV(电子伏特)的半导体材料,因此又被称作宽禁带半导体材料。第三代半导体材料因禁带宽度大、临界击穿电场强度高、电子饱和迁移速率大、电子密度高、热导率高、介电常数低,具备高频高效、耐高压、耐高温、抗辐射能力强以及化学性质稳定等诸多优越性能,因而能制备出在高温下运行稳定,在高电压、高频率等极端环境下更为稳定的半导体器件,是支撑固态光源和电力电子、微波射频器件的"核芯"材料和电子元器件,可以起到减小体积简化系统、提升功率密度的作用,在半导体照明、5G通信技术、太阳能、智能电网、国防军工、新能源汽车、消费类电子等战略性新兴领域有非常诱人的应用前景,对节能减排、产业升级有着极其重要的作用,正成为全球半导体产业新的科技制高点和新一轮科技革命的钥匙[1-3]。

目前 SiC 和 GaN 的发展相对较为成熟,商业化程度最高,ZnO、AlN 和金刚石的研究尚属起步阶段,因此本文主要选取 SiC 和 GaN 这两种目前应用最广泛的第三代半导体材料进行专利分析。

1.2　SiC 和 GaN 产业链分析

　　SiC 产业链主要包含粉体、单晶材料、外延材料、芯片制备、功率器件、模块封装和应用等环节。SiC 功率器件主要包括二极管、开关管和功率模块等，以直插式封装为主，目前国际上 600~1700V 的 SiC 肖特基势垒二极管、金氧半场效晶体管已经实现了大规模的产业化，目前主流产品的耐压水平低于 1200V。碳化硅功率模块是碳化硅金氧半场效晶体管和碳化硅二极管的组合，通常将驱动芯片放置在功率模块以外的驱动板上。为了充分发挥碳化硅金氧半场效晶体管的最优性能，碳化硅金氧半场效晶体管的驱动芯片也可集成到功率模块内部，形成智能功率模块。而新能源汽车的发展是 SiC 市场的最大驱动力，根据相关机构的预测，到 2025 年新能源汽车用 SiC 功率器件市场规模将达到 15.5 亿美元，特斯拉 Model3 和比亚迪汉 EV 旗舰车型已率先在电机控制器中应用 SiC 模块。

　　目前生产制造 GaN 器件主要有两种方式，一种是大部分厂商都采用的基于 SiC 作为衬底的 GaN 射频工艺，另一种是基于硅作为衬底的 GaN 射频工艺。两种射频工艺各有利弊，相比基于硅作为衬底的 GaN，基于碳化硅作为衬底的 GaN 射频工艺有着更高的功率密度和更好的热传导性。4G 手机主要采用的是基于砷化镓和硅的射频器件，但在今后的 5G 时代，除了采用基于砷化镓和硅的射频器件，同时也会采用基于 GaN 的射频器件，特别是在高频段的应用上。GaN 充电器具有体积小、发热低、功率高的优点，是目前 GaN 应用较为广泛的领域。GaN 是蓝光 LED 的基础材料，在 MicroLED、紫外激光器中也有重要应用。

第 2 章　第三代半导体材料技术分支

基于产业链构成及热点技术，由于 SiC 和 GaN 应用广泛，将第三代半导体材料产业分为 SiC 和 GaN 两个具有代表性的一级技术分支。为了使本文更加具有前沿材料分析的针对性，本文主要聚焦 SiC 和 GaN 及其制备进行专利分析，分析不包括半导体封装和纯器件应用（该两个分支一般划入集成电路分析），根据 SiC 和 GaN 的制备技术，技术分解表如表 2-1 所示[4]。

表 2-1　碳化硅和氮化镓技术分支

一级分支	二级分支	三级分支
碳化硅	单晶生长技术	Lely 法，高温 CVD 法，溶液法
	衬底加工技术	整形，粗加工，精加工，切片，研磨，抛光
	外延生长技术	溅射法，烧结法，气相沉积法
	器件工艺	掺杂、刻蚀、金属化技术
氮化镓	外延生长技术	气相沉积法，MBE
	蓝宝石异质衬底技术	
	氮化物同质衬底技术	
	器件工艺	

第3章 第三代半导体材料专利总体态势

本文选择商用专利检索平台 incoPat 进行专利检索与分析，所有数据及分析图表均来自该平台。在进行检索前，首先对碳化硅和氮化镓主要 IPC 分类号进行提取，并结合其在半导体产业中的应用和服务，提炼出碳化硅和氮化镓及其制备技术的关键词。然后利用关键词结合 IPC 分类号确定相应的检索式。同时进行去除噪声处理，排除与分析无关的专利。从 2000 年 1 月 1 日至 2022 年 12 月 31 日，第三代半导体材料两种代表性材料碳化硅和氮化镓及其制备技术全球专利申请量达 21060 件。

3.1 全球专利申请态势分析

2000—2022 年全球专利申请量变化如图 3-1 所示，从 2001 年开始专利数量迅猛增加，这说明进入 21 世纪后各国越来越重视第三代半导体材料领域的专利申请。而 2002 年至今（由于 2021—2022 年部分专利未公开，分析时排除这两年申请量），年均申请量基本维持在 800 件以上。不同于集成电路领域，第三代半导体材料领域的专利申请量没有急剧增长。这是因为材料领域是一个基础领域，其产生经济收益的时间周期较长，需要连续不断的研发投入，同时新材料技术的突破也需要较长的研究时间。

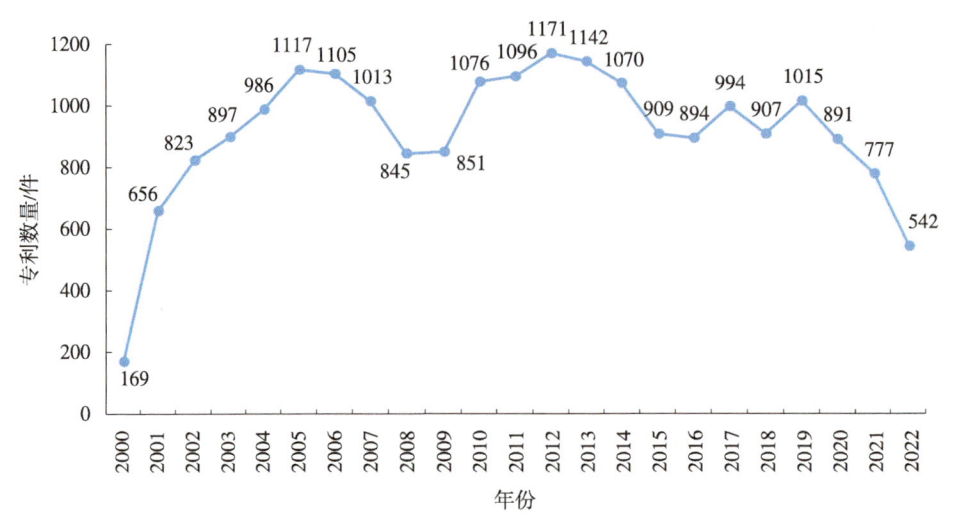

图 3-1 2000—2022 年全球专利申请量变化

2000—2022年全球专利申请人申请量前10位排名如图3-2所示，前10位申请人全部是企业，中国无申请人上榜，这说明中国急需提高第三代半导体材料领域的研发能力，加强专利布局。前10位申请人中日本占据7席，占有量超过了一半，韩国占据1席，美国和德国各占1席，排名第1位的是日本的住友公司，美国的科锐公司和日本的丰田公司分居第2、3位。这说明日本非常重视第三代半导体材料领域的专利申请，在专利申请量上获得了优势，且日本公司非常重视对半导体基础材料的研究。结合近年来日本对韩国发起的光刻胶等半导体材料的贸易禁运，迫使三星、LG等巨头妥协，我国必须对半导体材料研究保持足够的重视和警觉，这关系我国的工业安全和国家安全，必须加大对第三代半导体材料的研发投入，加强专利布局。

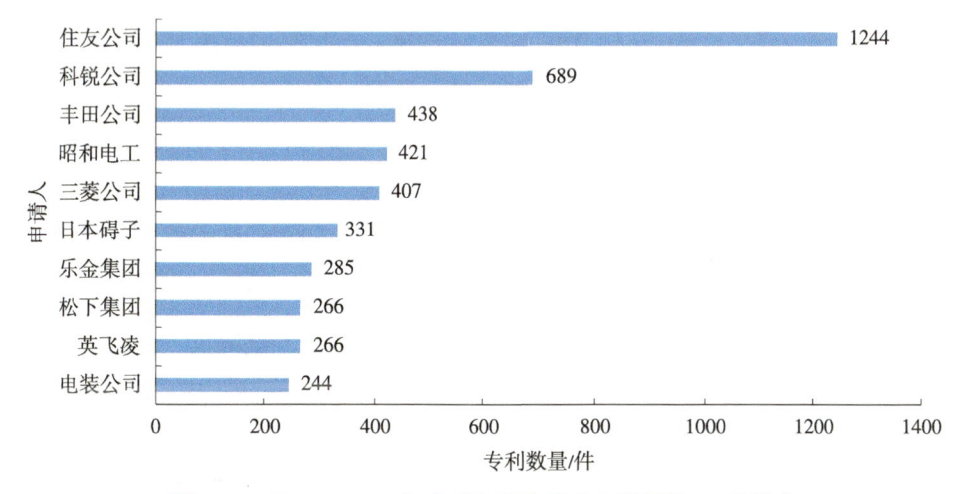

申请人	专利数量/件
住友公司	1244
科锐公司	689
丰田公司	438
昭和电工	421
三菱公司	407
日本碍子	331
乐金集团	285
松下集团	266
英飞凌	266
电装公司	244

图3-2 2000—2022年全球专利申请人申请量前10位排名

对前10位公司的申请领域和重点专利进行分析和梳理，并结合各国和地区第三代半导体材料产业链，得出了以下信息：

日本在第三代半导体材料领域技术力量雄厚，产业链完整，是设备和模块开发的领先者，拥有住友电气、三菱化工、松下、罗姆半导体、富士电机等知名厂商，具有集团优势。申请量排名第一的日本住友公司申请主体众多，主要有住友电气、住友金属工业、住友化学等。研发涵盖碳化硅和氮化镓的研发和制造，特别是在氮化镓衬底领域其份额达到90%以上。

美国在碳化硅领域具有优势，拥有科锐等世界顶尖企业。申请量排名第二的美国科锐（CREE）成立于1987年，是美国上市公司（1993年，纳斯达克：CREE），为全球LED外延、芯片、封装、LED照明解决方案、化合物半导体材料、功率器件和射频于一体的著名制造商和行业领先者。该公司在SiC领域拥有较强的优势地位，在2018年SiC晶片市场占比超过62%；收购整合Wolfspeed后基于SiC衬底的GaN具有较强技术优势。

欧洲拥有完整的碳化硅衬底、外延、器件、应用产业链，独有高端光刻机制造技术，拥有英飞凌、意法半导体等优势制造商。代表公司英飞凌前身为西门子的半导体部门，其优势在第三代半导体的器件化，在 IGBT 等功率半导体器件领域具有优势地位。

韩国重点研发和生产高纯度 SiC 粉末、高质量 SiC 外延材料以及硅基 SiC 和 GaN 功率器件。值得注意的是，作为全球半导体的龙头企业，韩国三星公司仅仅排名第 11 位（图中未示出），另外一家半导体巨头中国台湾的台积电公司未进入前 10 位，这是因为这两家公司主要从事晶圆加工，聚焦第一代和第二代半导体材料的研发和生产，未对第三代半导体研发进行足够重视。而 LG 主要聚焦的是氮化镓在显示领域的应用。

中国在该领域处于追赶地位，起步晚，布局快，面临诸多挑战，代表公司有山东天岳和三安光电。

3.2 中国专利申请态势分析

2000—2022 年在中国进行专利申请的国家排名如图 3-3 所示，排名第 1 位的是日本，第 2 名是美国，这也与图 3-2 的全球专利申请人申请量排名相符合。

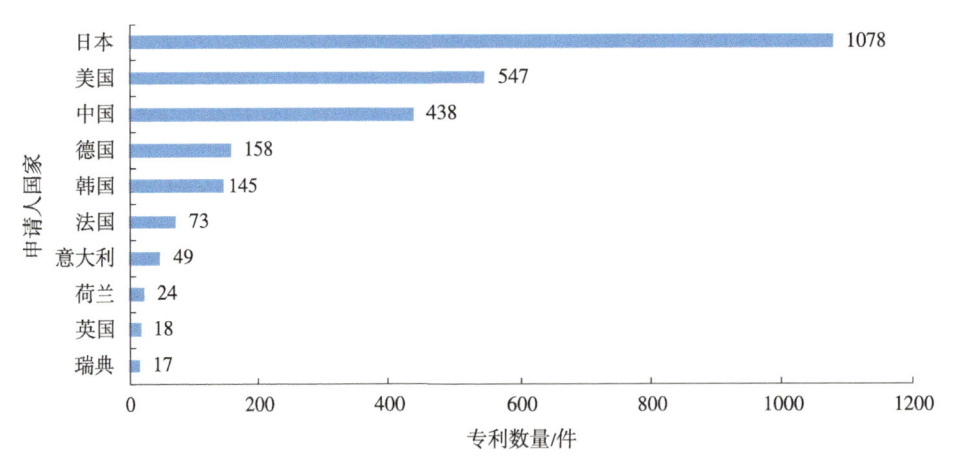

申请人国家	专利数量/件
日本	1078
美国	547
中国	438
德国	158
韩国	145
法国	73
意大利	49
荷兰	24
英国	18
瑞典	17

图 3-3　2000—2022 年在中国进行专利申请的国家排名

2000—2022 年在中国大陆地区专利申请人申请趋势如图 3-4 所示，2017—2022 年中国大陆地区专利申请人的申请量有明显增长，对比图 3-1 可知，增长率超过了同期专利申请量的增长率，说明中国申请人越来越重视在第三代半导体材料领域的专利布局。

图 3-4　2000—2022 年中国大陆地区专利申请人申请趋势

3.3　中国大陆地区专利申请态势分析

2000—2022 年中国大陆地区专利申请人排名如图 3-5 所示，前 10 位申请人中，科研机构及大学占到了 6 位，超过了一半。对比图 3-2 全球前 10 位申请人全部为企业可知，国内在第三代半导体材料的研究中，科研机构及大学占比非常高，这说明国内第三代半导体材料的市场化程度还不高，创新资源急需向企业聚集。广东省内有华南理工大学上榜。

图 3-5　2000—2022 年中国大陆地区专利申请人排名

对前 10 位申请人的申请领域和重点专利进行分析和梳理，得出了以下信息：

排名第 1 位的中国科学院旗下申请第三代半导体材料相关专利的机构主要有中国科学院半导体研究所、中国科学院物理研究所、中国科学院微电子研究所、中国科学院金属研究所等，且这些研究所及分支机构在全国各地均有布局。

排名第 2 位的华南理工大学建有广东省高端芯片智能封测装备工程实验室及广东省第三代半导体材料与器件工程实验室，主要领域集中在氮化镓领域，研究人员主要有李明强教授等人。排名第 4 位的西安电子科技大学，其研究领域也主要集中在氮化镓领域，研究人员主要有郝跃院士等人。

企业的主要申请人领域主要有排名第 3 位的厦门三安光电股份有限公司和排名第 6 位的山东天岳先进材料有限公司。厦门三安光电股份有限公司已完成部分氮化镓的产线布局，是国内氮化镓领域的龙头，其主要从事全色系超高亮度 LED 外延片、芯片、Ⅲ-Ⅴ族化合物半导体材料、微波通信集成电路与功率器件、光通信元器件等的研发、生产与销售，产品性能指标居国内领先水平，是目前国内成立最早、规模最大、品质最好的全色系超高亮度 LED 外延及芯片产业化生产基地。山东天岳先进材料有限公司是国内碳化硅龙头企业，掌握了碳化硅半导体材料产业化关键核心技术，为全球第 4 家可批量供应 4H-SiC 衬底产品的企业，公司在半绝缘型碳化硅衬底领域已进入行业第一梯队。

第4章 总结与建议

结合图 3-5 可知，国内创新主体中研究院所占比太高，创新资源急需向企业集聚，这是由于材料属于基础学科，投入回报周期长，大部分企业难以容忍长期"只投入，不产出"的现状。第三代半导体材料行业集中度低，缺乏真正的龙头企业。广东省第三代半导体材料产业存在的主要短板有：进行研究的主要是科研机构和中小企业，缺乏具有产业带动作用的龙头企业；华南理工大学对第三代半导体材料的研究较多，但从其专利转让、质押等情况可知，其专利转化效率较低；广东省对第三代半导体材料的研究主要集中在氮化镓领域，碳化硅领域的企业较少且基础研究较为薄弱，碳化硅应用最广的领域为新能源汽车，而广东省作为新能源汽车大省，在全球缺芯背景下，急需解决芯片原料短缺的问题。

对于国内及广东省第三代半导体材料产业，主要建议如下：

一是加强政策支持及产学研合作。在《中国制造2025》中对集成电路半导体企业实行减税等政策的基础上，进一步针对第三代半导体材料等基础材料研究加强扶持政策。发挥中国科学院半导体研究所等科研院所科研能力较强的优势，加强产学研的连接强度和深度，促进创新资源向企业集中。对于广东省而言，积极引进中国科学院半导体研究所等高端研究机构在广东开设分院或研究院，发挥华南理工大学等科研机构的作用，鼓励产学研合作和成果技术转化。加强第三代半导体材料相关产业基地、园区、孵化器建设，打造第三代半导体产业特色集聚区。支持广州半导体基地和东莞第三代半导体南方基地等重点产业集聚区的发展。

二是打造龙头企业和具有特色的专精特新企业。对于广东省而言，不同于山东拥有天岳材料和福建拥有三安光电，广东缺乏拥有产业链的龙头领军企业，所以应当着力打造第三代半导体材料领域的龙头企业，支持中镓半导体等企业做强做大。认真贯彻习近平总书记在广东视察时"中小企业能办大事"的指示精神，积极培育专精特新企业，错位竞争，弯道超车，提高细分市场的竞争能力。重点突破短板领域，加强碳化硅领域的企业培育。积极开展企业高价值专利培育工作，引导企业利用省内知识产权保护中心的专利快速审查通道缩短专利授权周期，提升企业特别是中小企业的知识产权创造、运用和保护的能力。

三是加强技术产业联盟和专利联盟建设，鼓励科研院所、企业抱团发展。例如

2015年，在科技部、工信部、北京市科委的支持下，由中国科学院半导体研究所、三安光电股份有限公司等单位自愿发起筹建的"第三代半导体产业技术创新战略联盟"在北京成立。广东省拥有数量众多的中小企业，应引导其建立第三代半导体材料的专利联盟或专利池，通过专利池建设加强中小企业应对专利纠纷风险的能力。专利池建设可以通过政府引导，使行业协会、金融及保险机构、科研院所、企业等形成合力，通过专利质押融资、专利许可等多种手段盘活专利池资产，形成专利池运行的长效机制，以惠及更多的企业。

四是重视知识产权评议和专利导航。提高产业发展方向决策的科学性，站在产业发展的高度支撑技术创新。广东省应充分发挥广东省知识产权保护中心、国家知识产权局专利局专利审查协作广东中心等单位的资源优势，防止重大项目的重复建设，提高重大研发和产业化项目的知识产权风险应对能力。

五是积极制定知识产权海外纠纷风险应对策略。第三代半导体产业是知识产权密集型行业，知识产权纠纷在未来不可避免，近来日本制铁对宝山钢铁发起的电工钢专利诉讼说明在基础材料行业也将兴起专利战。而广东省一向是涉及海外知识产权纠纷的主战场，所以应当整合省内的国家海外知识产权纠纷应对指导中心广东分中心等资源，积极制订风险应对方案，提升企业知识产权海外纠纷应对能力。发挥知识产权海外侵权保险等金融工具的作用，降低企业海外知识产权纠纷应对成本。

六是要吸引和集聚人才资源。人才是驱动创新发展的第一动力，第三代半导体材料产业技术领域发展较快，利用发明人的专利数据等信息资源关注全球和全国主要发明人，对全球主要发明人的技术创新方向和核心创新能力保持密切关注。加强国际化人才交流合作，牢牢抓住粤港澳大湾区建设的发展机遇，引进更多的领军人才和高端人才落地广东，将广东省打造成第三代半导体产业材料人才集聚地。

参考文献

[1] 曹峻松，徐儒，郭伟玲. 第3代半导体氮化镓功率器件的发展现状和展望 [J]. 新材料产业，2015（10）：8-12.

[2] 麦玉冰，谢欣荣. 第三代半导体材料碳化硅（SiC）研究进展 [J]. 广东化工，2021，48（9）：151-152.

[3] 郝跃. 宽禁带与超宽禁带半导体器件新进展 [J]. 科技导报，2019，37（3）：58-61.

[4] 国家知识产权局学术委员会. 产业专利分析报告（第67册）：第三代半导体 [M]. 北京：知识产权出版社，2019.

区块链赋能中药溯源

胡秋萍 赵 飞 周小燕

广东省知识产权保护中心

区块链作为一种新兴业态，在产品溯源、数据流通、供应链管理等领域有着广泛的应用价值。本文以区块链介入中药溯源体系建设为切入点，对区块链在中药领域的知识产权布局情况、技术应用情况，以及区块链在助力中药溯源发展中遇到的问题等进行初步分析探讨，旨在为相关行业加快区块链应用落地提供参考。

第1章　中药溯源发展历程

随着中医药事业的蓬勃发展，人们对中药的需求也快速增长，而中药的真伪优劣，成为制约我国中药产业乃至中医药事业发展的重要因素。为保障中药质量，相关部门出台系列政策文件，促进中药溯源系统建设，包括国家层面的药品电子监管、国家中药材追溯系统，区域层面的省道地中药材追溯系统，以及企业层面的如天津天士力、北京同仁堂药品追溯系统[1]，但由于系统无法联通，且缺乏统一标准的引导，系统与系统间编码没有一致性的测试流程和标准，对同一编码和数据有不同的命名、标识、表示、结构和语义表达，严重影响信息的交换和共享[2]，导致"追溯信息孤岛"。溯源系统不互联，信息管理混乱、易被篡改等问题层出不穷，严重阻碍了中药行业的健康发展。

近年来，随着互联网金融的深入发展，区块链技术及其应用成为人们关注的热点，区块链开放、可信、去中心化、共享等核心思想，被公众广泛认可，越来越多的领域开始应用区块链技术寻求创新应用模式，中国中医科学院院长、工程院院士黄璐琦等在"供给侧改革推动中医药产业高质量发展"论述中提到："加快培育现代化中药材市场体系，降低交易和市场流通成本。通过技术升级，实现中药材生产、产地加工和流通设施现代化，充分运用互联网、物联网、区块链和人工智能等新技术，打造现代化中药材电子交易市场，通过质量追溯系统建立，做到'来源可知，去向可追，质量可查，责任可究'，确保中药材质量全程可控。"区块链去中心化、数据公开透明、不可篡改等特性能够在中药质量安全监测中发挥重要作用，将区块链技术引入到中药溯源体系建设，为解决溯源系统存在的数据易篡改、信息不完整以及信息私密性等问题提供了非常好的思路，相关探索已成为近几年中药溯源系统建设研究的热点。

第 2 章 区块链技术概况

2.1 区块链技术特征

区块链技术起源于 2008 年中本聪发表的论文《比特币：一种点对点电子现金系统》。区块链是一种由多方共同维护，使用加密技术保证信息传输和访问安全，按照时间序列存储的分布链式结构数据库。典型的区块链系统中，各参与方按照事先约定的规则共同存储信息并达成共识。为了防止共识信息被篡改，系统以区块为单位存储数据，区块之间按照时间顺序、结合密码学算法构成链式数据结构，通过共识机制选出记录节点，由该节点决定最新区块的数据，其他节点共同参与最新区块数据的验证、存储和维护，数据一经确认，就难以删除和更改，只能进行授权查询操作[3]。区块链因具有不可篡改、智能合约、分布存储等技术特征，构建了独特的信任机制，在诸多领域得到广泛应用。

2.2 区块链技术发展情况

区块链技术应用和产业生态经过多年发展，逐渐形成了公有链和联盟链两大体系，其技术创新、应用路径和产业格局各有侧重。

产业方面，全球区块链产业格局基本成型，近几年新增区块链企业数量逐渐下降，中美处于第一梯队，新加坡由于宽松的监管政策，大量数字资产类公司在此注册，区块链企业数量位居全球第三。全球区块链产业投融资保持活跃，各国资本热度差异明显。

应用方面，数字原生应用以公有链为主导，打造数字原生经济可信基石，加速数字资产化进程。实体经济数字化应用以联盟链为主导，聚焦数据可信存证流转，以技术信任解决传统人际信任、制度信任中存在的风险难题，尤其以金融领域、能源领域、医疗健康领域中的应用更为显著。

技术方面，公有链技术面向下一代互联网持续迭代，进行技术演进，主要聚集在扩展性、兼容性、能耗等方面进行技术优化。联盟链技术聚焦业务场景需求不断优化，发展速度相对放缓。2020—2022 年区块链学术研究显示，其重点关注垂直行业应用、数据隐私和数据共享、分布式能源及智能电网等方向，而相关专利聚焦应用落地、隐私安全、多技术融合等[4]。

第3章 区块链技术助力中药溯源发展

3.1 区块链技术学术研究

3.1.1 区块链技术专利布局情况

结合业内学者对区块链专利研究的成果[5-7]，对区块链技术的整体研究情况进行梳理，总结有以下几个特点：

从全球专利申请数量来看，2017—2019年专利申请数量呈井喷式增长，区块链技术呈现出蓬勃的发展态势。

从主要国家的专利申请情况来看，中国、美国、韩国等国家/地区专利申请数量排名靠前，均表现出对国内及在其他国家或地区的技术市场保护的重视。中国专利申请数量居绝对领先地位，成为区块链技术全球创新研发与技术应用高地。美国海外布局专利市场最多，也是最受欢迎的专利市场阵地，高被引专利大多来自美国。开曼群岛专利布局基本在国外，主要由于特殊的税收豁免政策，以及公司注册和上市门槛低等因素，吸引了大量企业在开曼群岛注册。

从主要申请人专利布局情况来看，在全球区块链专利申请量前20位的企业，一半以上来自中国，但纵观其专利全球布局，除专利申请数量排名第一的阿里巴巴集团控股有限公司外，国内企业主要在本国市场布局专利。国内专利申请数量排名首位的阿里巴巴集团控股有限公司和排名其次的腾讯科技（深圳）有限公司的研究热点几乎遍布区块链各技术分支，但其研究侧重点不同。阿里巴巴集团控股有限公司在数字签名分支领域的产出最多，是区块链系统交易技术研发的领导者，在行业中处于领头羊地位[8]，腾讯科技（深圳）有限公司在区块链底层核心技术领域占据重要地位，其研发专利多涉及智能合约、效率提高、安全提高和避免篡改等大数据处理方面[9]。而国外企业，如美国企业国际商业机器公司、万事达卡国际股份有限公司、埃森哲环球解决方案有限公司，及韩国企业科因普拉格株式会社，都具有较强的全球专利布局意识，巴布达的恩链控股有限公司是全球区块链专利布局范围最广的申请人，其区块链专利已布局于包括中国在内的全球三十多个国家和地区。大多具有较高市场价值的专利，如 US10110576 等，亦主要源自国外企业，相关研究内容主要涉及区块链在金融交易中的应用、基于区块链的证书发布及认证、用户身份管理及区块链基础技术研究等。

从专利申请人的组成来看，全球整体区块链专利申请中的大规模、高强度合作并不常见。我国区块链合作研发方面，在国际上与美国合作相对频繁；在国内合作方面多为企业与企业间的合作。总体而言，国际合作与产学研合作相对缺乏。

从研究的热点技术领域来看，区块链热点应用领域为金融商业、通信和数据处理三大应用领域，通信领域较其他两个领域更受关注，并以协议为特征的（H04L29/06）、检验系统用户身份或凭据装置（H04L9/32）、传输控制规程（H04L29/08）等作为当下区块链技术研发的热点技术，而对于使用移位寄存器或存储器用于块式码的密码装置（H04L9/06）的研究投入较少，技术发展较薄弱。

3.1.2 区块链技术在中药溯源方面的研究情况

区块链技术在较多的行业中已有较深入广泛的应用研究，利用区块链技术进行溯源研究也取得了较多成果。对于区块链技术在中医药特别是中药产业方面的研究，我们通过查询中国知网数据库了解到，自 2017 年以来已有大量学者对区块链引入中医药产业开展过研究探讨，如王海隆在论文《区块链技术在中医药领域中的应用展望》中针对区块链技术提出的应用场景的思考，为后来学者研究医药物流、药品溯源等提供了思路。同时我们在 incoPat 专利数据库中，以 TIAB =（区块链 OR 共识机制 OR 智能合约 OR 比特币 OR 以太坊 OR 数字货币 OR 非同质化代币 OR 加密货币 OR "blockchain * " OR " consensus mechanism * " OR " smart contracts * " OR " bitcoin * " OR " ethereum * " OR "digital currency * " OR "NFT * " OR "cryptocurrency * "），使用"中药 or 中草药"在全文范围内进行限定，初步浏览检索结果，发现在专利申请层面，对于区块链技术在中药方面的应用研究不足 200 篇，申请量在 2020 年达到峰值，申请人主要地域为中国，涉及百余篇，其次为美国，国内主要申请主体包括平安医疗健康管理股份有限公司、平安国际智慧城市科技股份有限公司、腾讯科技（深圳）有限公司等，研究方向涉及远程就诊、病历管理、药品配送、处方流转、物品防伪等应用场景。总体来看，区块链技术在中药溯源系统的建设方面的应用推进较为缓慢。

3.2 区块链技术在溯源中的应用

随着区块链的发展，区块链技术在溯源中的应用越来越广泛，从 2018 年前的在食药、知识产权、数字凭证、供应链等领域的应用[3]，发展到服务疫情防控方面的信息溯源、能源领域的碳排放溯源[10]等，区块链充分发挥其能量，助力产业服务升级，并在多方面已取得较好成效。

疫情防控方面，如蚂蚁集团、CityDo联合推出的"防疫物资信息服务平台"在浙江全省落地应用，北京微芯研究院推出的"北京冷链溯源平台"，以冷链食品为切入点实现对疫情的高效精准防控，其从源头对全链条进行追踪，严把物资质量，保证溯源数据可信。

能源领域，如北京电力交易中心和国网电商公司等建设的区块链绿电交易平台，将参与交易厂发电数据、绿电交易数据、所有场馆用电数据接入区块链，实现全流程追溯，为冬奥会百分百使用绿电提供可视可靠可信证明。

食药方面，如智链（ChainNova）为北大荒粮食溯源设计的"区块链大农场"，在区块链技术基础上，基于自定义的一套数据上链标准，利用物联网设备，嵌入实时计算、大数据处理、人工智能等模块，进行全流程各种类型数据的上链分析可视应用，解决粮食安全问题。从食品领域出发的中国食品链平台溯源，通过"技术+制度"的实现方式，将食品原产地的生产企业、加工企业、物流企业、电商平台和销售企业、各类社区以及终端消费者集聚在中国食品链生态体系中，建立链上和链下共治的中国食品产业的信用体系，助力精准扶贫，推动中国食品行业转型升级。

知识产权方面，如百度区块链原创图片服务平台百度图腾的图腾版权溯源，为原创生产者提供版权认证等全链路服务，提升版权确权、维护各环节效率，重塑版权资产价值链、帮助版权人获得多元价值。孚链科技基于区块链的地理标志溯源平台，对地理标志产品溯源溯真，保护地标企业和当地品牌的健康发展。联通大数据溯源系统，为交易和共享的参与方和数据提供保障，解决了在大数据交易和共享过程中数据权属和溯源的问题。

供应链方面，如分布科技的供应链解决方案危化品信息流溯源平台，采用区块链技术整合全流程信息流，保证了信息流的真实有效，解决了危化品供应链流程中，数据流程信息数据不可信、多方不信任的问题。蚂蚁区块链帮助天猫国际搭建跨境商品供应链网络，搭建跨境的联盟链网络，将原产地企业、海外质检机构、海外仓、保税仓、国内质检、天猫国际、菜鸟物流等企业和机构纳入联盟链参与方，商品采用"一物一码"唯一标识并与企业关联，确保跨境商品的全流程溯源信息真实有效。

区块链技术在溯源中的应用实践成果，为其应用到更大领域和范围提供了清晰的指引和较好的参考。如北大荒的粮食溯源案例，在保证粮食安全方面，其通过运用物联网、区块链、智能制造等技术的组合，建立一套可追踪溯源产品的体系标准，实现对包括粮食种植、粮食收割、粮食加工、粮食仓储、粮食运输等各个环节的全过程可追踪。该案例可被很好地借用到中药领域中来，对中药而言，其产业链条具有与粮食等农产品产业链条相似的环节，如种植、加工、仓储、运输、销售等，在建设保证中药质量的溯源体系上，可参照北大荒的粮食溯源案例的溯源体系架构框架设计思路，在现有中药溯源体系的基础上，进一步完善和改进。

3.3 基于区块链技术搭建中药溯源模型

结合中药产业链条的特点，参照现有的区块链在溯源方面的研究和应用基础，基于区块链系统的层次，即数据层、网络层、共识层、合约层、应用层，构建确保中药材质量的安全、可靠的中药质量溯源体系的层次化模型，模型各环节设置如下[11-12]：

在数据层构建中，对中药产业链各个环节，大的环节如中药种植、生产、加工、运输、医院制剂、存储销售等环节的信息进行录入，按照区块链数据块格式（区块头+区块体）对信息进行封装，通过加密算法和加入时间戳的方式将数据记录加入区块链中，保证每个环节的每一个过程产生的数据都被记录在区块链的账本数据中。

在网络层构建中，按照多签名复杂网络设置，接入管理机制，采用分布式组网机制使数据分布在不同的节点数据库，数据层和网络层在技术层面保证了区块链产生和传递。

在共识层构建中，主要封装网络节点的各类共识算法，相关政府部门、企业、中药材产业链各机构作为成员节点加入区块链。共识层引入相关共识机制，包括交易背书、交易排序、交易验证记账等多个步骤，每个步骤对请求进行签名和验证，只有多个背书节点对交易结果进行背书，满足了背书策略并且在排序服务节点之间达成共识后，排序产生的区块经过记账节点验证通过后才能记录到账本中，任何一个步骤出现错误都会导致交易失败，经过这些步骤后每个记账节点记录的账本都是一致的。共识机制确保数据的一致性并且不可篡改，让数据更加透明，大大提高消费者信任度。

在合约层构建中，将国家监管条例、法律、标准、行动纲要等内容以智能合约的形式嵌入区块链中，是区块链可编程的基础。基于区块链整合的不可篡改的种植和销售等的产业链各环节上的各种数据，智能合约能够反馈相关结果到对应环节，帮助提升相关节点质量控制，实现中药质量的规范化、标准化管理。

在应用层构建中，主要是将区块链与其他上层应用进行进一步交互。在中药溯源系统中，区块链为向药材生产商、政府、消费者提供信息查询、质量追溯等服务提供支撑。

该中药溯源模型的各个层次，基于加密算法和时间戳技术的底层区块数据、分布式节点组网机制、基于共识算法的经济激励、可编程的智能合约和完整的溯源系统，共同作用，能有效确保产业链中中药质量的安全性和可靠性。

3.4 区块链技术在中药溯源应用中的挑战

区块链由于具有时间戳、分布式账本等特性，可以确保上链信息不可篡改、公开透明，因此将区块链技术与传统中药溯源体系相结合，可以让溯源数据更加可信。但区块链技术的发展和应用作为一项新兴的技术应用，仍存在着许多不可预见的问题和风险障碍，这就要求应用过程中要不断探索、创新，解决遇到的新问题，完善并改进配套技术解决方案，以加快区块链技术和产业在中药溯源上的落地应用。

中药产业具有药材种类多、地域分布广、生产流程复杂、质量溯源周期长、产业环节多等特点，区块链技术在中药溯源体系建设中的应用落地，目前有几大关键挑战，包括如何保证上链信息真实、信息链条是否较长、谁为区块链系统买单、如何让多方共同参与[13]。对中药产业链各环节上链信息准确性与及时性的保证，是区块链技术助力中药溯源体系健康发展的前提；合理优化信息链条，保证区块链技术在溯源体系中得以发挥技术优势；厘清链条中各节点的权属及利益分配，让更多的相关方参与进来，共同丰富完善区块链信息，保证信息的公开透明和有效使用，促进区块链建设的中药溯源体系落到实地，以推进中药质量溯源工作的开展，还有许多工作要做。

第4章 关于区块链助力中药溯源的思考

习近平致中国中医科学院成立60周年的贺信中表示："中医药学是中国古代科学的瑰宝，也是打开中华文明宝库的钥匙……切实把中医药这一祖先留给我们的宝贵财富继承好、发展好、利用好。"中药是我国优秀传统文化的结晶，中药的质量直接影响中医药事业发展的进程，广东省作为中医药大省，在做好中药的传承与创新，助推我国中医药事业的健康发展工作中扮演着重要角色，引入区块链技术，建设确保中药质量全程可控的中药溯源体系，势必成为中药现代化、数字化发展中需要重点研究的课题。对于如何更好地促进区块链技术在中药溯源中的应用，在吸纳前人智慧基础上，本研究提出以下几点思考。

4.1 技术创新与应用落地

区块链技术由于缺乏可拓展性使得其难以大规模推广应用，在处理能力方面无法达到大规模应用的需求[14]，而且，从应用层面来讲，区块链网络都是独立的，无法与其他区块链网络实现互联互通[15]，这就极大地阻碍了区块链技术功能和作用的发挥。因此，要实现区块链在中药溯源中的应用，不能仅仅依靠区块链技术本身，必须将人工智能、大数据、物联网等新一代信息技术结合起来研究，对区块链写入信息的真实可信性、链下的持续溯源、智能化监管等进行技术优化与创新。

同时，对区块链技术在中药溯源体系建设的应用情况，通过设置节点用户群体反馈渠道，及时获取信息流转使用满意度，广泛收集区块链技术应用中的各类问题，并针对性地进行技术更新，对系统进行升级改进，保证信息链条的灵敏。

4.2 规范标准与产权保护

对区块链技术落地应用进行研究的同时，要做好中药溯源体系中相关标准的制定和相关产权的保护，明确权属，为区块链技术在中药溯源中的应用与规范运作提供指引。

注重对区块链技术本身进行标准规范和创新技术保护。结合国家政策要求，在对区块链技术进行创新研究过程中，及时进行区块链技术专利、标准等的申请布局，构建行业标准体系等。

注重对中药溯源的编码体系进行规范和保护。对中药产业链中种植、生产、加工、运输等环节，所涉及技术操作规程、质量管控标准、管理运维等进行规范，制定和完善系列标准，特别涉及道地药材等，对其开展道地药材认证等鉴定认证和编码，促进道地药材的生产技术和管理水平提升，保证药材品质均一稳定，做到对中药特别是道地药材的文化和品牌价值的保护[16]。同时，针对不同业务和不同应用的数据格式不统一的问题，要对不同业务和不同应用的数据进行抽象建模和规范，如规范溯源体系中各环节编码格式，制定和完善相关编码标准，并且，在此过程中对编码涉及的方法、系统等进行知识产权布局保护。

注重对中药溯源产品进行保护。如对采用区块链技术研究落地的溯源平台、软件等，及时进行产品专利申请、商标注册、软件著作权申请等。

4.3 交流合作与人才引进

从专利申请情况和文献研究来看，目前，我国在区块链技术研究方面已形成较明显的优势，但在海外布局以及技术合作方面仍有较大提升空间，从长远的发展角度来看，我们可考虑与其他国家共同研制区块链合作计划，如战略规划、合作专项等，为区块链发展指引方向。一方面，引导鼓励国内高校、科研机构、企业，联合国外优秀组织机构，创立区块链产业联盟、标准技术委员会等合作组织，加强国内外、各组织间的沟通交流和资源共享，掌握国际上区块链研究动向，开展区块链专业人才培养；另一方面，建立区块链技术交易平台和海外研发中心等，作为我国推广自主创新的区块链技术、学习国外研发优势、引进全球区块链高端人才等的渠道，共同推进区块链领域高质量发展。

在把区块链技术运用到中药领域方面，我们需要充分借鉴行业内外的涉及区块链在实际应用案例中积累的经验，积极与区块链技术成熟，且在溯源系统特别是在食品、药品、农产品等溯源系统建设方面已积累丰富成果的企业，如腾讯、阿里巴巴、平安医疗、智链等企业合作，同时，充分发挥交叉学科产学研合作的力量，吸纳重点培养区块链专业人才的院校、科研院所如北京大学、浙江大学、中央财经大学、北京邮电大学等区块链专业研发团队加入。总的来说，中药溯源体系的建设，既需要国内外区块链技术专家学者的参与，还需要中医药专家特别是中药产业链上从种植到销售各个环节技术专家以及相关信息技术专家等多方协作，共同推动中药溯源的建设发展。

4.4 政策支持与资金保障

政策助推产业发展，随着区块链相关政策文件的发布落地，我国区块链技术得到快速发展，不管是从专利申请数量、相关研究论述，还是从各类组织，如区块链产业联盟的成立情况来看，中国企业无愧是亚洲区块链行业的领先者。在区块链落地中药溯源应用方面，亦需要政府各层面的政策鼓励和支持。

首先，制定科学的能力提升和人才评价体系，制定相关的政策，鼓励开展专业技术人才的认证，将区块链专业技术人才技能提升工程纳入国家职业资格目录范畴，配套制定相关政策，保障专业技术人才权益。

其次，加大科研支持力度，建立区块链专项、标准化项目专项，及其与中医药领域创新结合专项等研究课题基金，从国家到地方，对于技术、应用方面存在的难点、创新点研究，给予重点支持，促进各类社会组织、高端人才加入区块链助推中医药发展的事业中来。

4.5 政府监管与行业自律

区块链技术广泛涉及国内及跨国间的交易与联系，在全球范围内，制定统一、全面的监管体系，根据具体应用场景分行业进行监管，创新以技术监管为核心，法律监管为辅助，双措并举打造区块链监管模式，是区块链技术长远发展必须攻克的课题，我国作为目前区块链技术研究应用大国，在制定相关监管体系方面，要积极把握时机，研究推广。

首先，尊重区块链技术发展规律，正视发展区块链技术面临的来自技术本身以及应用部署等方面的问题，研究区块链对所涉及的如个人信息保护、数据流动等方面的影响，探究相关技术在底层核心技术、中层应用逻辑和上层信息管控等方面涉及的监管问题。

同时，结合相关研究成果，开展区块链相关法律法规研究，探索制定区块链技术、应用的监督机制和认证体系，推进区块链系统中相关方信息披露，构建合规的审查机制，通过立法将区块链技术纳入合适的监管框架之内。

其次，加强应用管控，如对于中药溯源中的信息源头真实性问题，可在中药产业链各环节的数据录入等环节，创新模式，加入政府部门监管，确保相关信息录入区块链时的真实性。加强行业的市场监管，推动行业自律。

第5章 总 结

随着区块链技术与中药溯源的不断发展，将区块链技术应用到中药溯源体系建设的研究将更加成熟。基于区块链技术在溯源领域中取得的阶段性成果，充分利用区块链技术相关行业领先企业所拥有的区块链技术，结合物联网、人工智能等技术，打造中药溯源体系模型，并将其应用于产业中，将高效推进中药产业现代化、数字化发展。将区块链技术应用于中药溯源体系的建设，所面对的问题仍会有很多，我们需保持以创新思维，共筑产业安全，推进中药产业创新发展。

参考文献

[1] 赵姝婷，施明毅，郑世超，等. 基于安全、互联互通的追溯技术创建优质优价中药的追溯模式思考［J］. 中国现代中药，2017，19（11）：1515-1518.

[2] 张铎. 产品追溯系统［M］. 北京：清华大学出版社，2013.

[3] 中国信息通信研究院. 区块链溯源应用白皮书（1.0版本）［R］. 2018.

[4] 中国信息通信研究院. 区块链白皮书（2022年）［R］. 2022.

[5] 郑妍，许鑫. 全球区块链技术研发水平评估及对我国的启示［J］. 文献与数据学报，2022，4（3）：114-128.

[6] 李丽婷. 基于专利视角的全球区块链技术发展分析［J］. 厦门科技，2021（1）：1-13.

[7] 杨益霞. 专利分析视角下区块链发展态势研究［J］. 科技创业月刊，2022，35（2）：75-80.

[8] 商琦，陈洪梅. 区块链技术创新态势专利情报实证［J］. 情报杂志，2019，38（4）：23-28，59.

[9] 王传高，刘雪凤. 基于专利信息分析的区块链研究［J］. 情报杂志，2022，41（4）：37-45.

[10] 中国信息通信研究院. 区块链白皮书 (2021年) [R]. 2021.

[11] 孙赫浓, 施明毅. 基于区块链技术中药质量溯源系统的设计 [J]. 成都中医药大学学报, 2022, 45 (4): 95-100.

[12] 肖丽, 谭星, 谢鹏, 等. 基于区块链技术的中药溯源体系研究 [J]. 时珍国医国药, 2017, 28 (11): 2762-2764.

[13] 人民政协网. 推动区块链技术在食品药品领域创新应用 2020 中国食品药品区块链创新应用论坛在京召开 [EB/OL]. (2020-08-31) [2023-10-16]. https://www.rmzxb.com.cn/c/2020-08-31/2655613.shtml.

[14] 徐亮. 区块链技术在档案行业应用的制约因素与对策建议 [J]. 中国档案, 2021 (3): 32-33.

[15] 李芳, 李卓然, 赵赫. 区块链跨链技术进展研究 [J]. 软件学报, 2019, 30 (6): 1649-1660.

[16] 张小波, 王慧, 郭兰萍, 等. 基于区块链的道地药材高质量发展和认证系统建设探讨 [J]. 中国中药杂志, 2020, 45 (12): 2982-2991.

生物医药与健康产业科创板上市企业分析及启示

曾小青

广东省知识产权保护中心

科创板是独立于现有主板市场的新设板块，并在该板块内进行注册制试点，重点支持高新技术产业和战略性新兴产业。科创板实施注册制试点以来，科创板公司研发投入继续保持高位，科技创新成果不断涌现，成为创新驱动发展的重要践行者，初步展现了依托科技创新实现高质量发展的良好态势。本文对科创板已上市企业进行梳理和分析，重点聚焦生物医药与健康产业已上市企业的具体领域和创新情况，并给我省生物医药与健康产业发展提供相关建议。

第1章 科创板已上市企业整体情况

科创板上市一般经过受理、问询、审核、上市委会议、证监会注册、上市发行等阶段，证监会同意注册（即注册生效）的决定自作出之日起 1 年内有效，发行人应当按照规定在注册决定有效期内发行股票，发行时点由发行人自主选择。考虑到部分数据的滞后性，本报告主要针对 2021 年前已申请注册的相关企业开展分析。截至 2021 年 11 月 12 日，已有 372 家企业获得注册生效，其中 354 家已上市，10 家处于发行中，7 家处于待发行状态，1 家暂缓上市。下面针对 354 家已上市企业的整体情况进行分析。

1.1 科创板已上市企业地区分布

图 1-1 是科创板已上市企业的地区分布，已上市企业共涉及 21 个国内省份，其中江苏省企业数量为 66 家，排名各省市之首；广东省和上海市分别以 54 家和 51 家排名第 2 位和第 3 位。企业数量较多的省市还包括北京市、浙江省、山东省、安徽省等。另外，还有 4 家企业注册在境外。

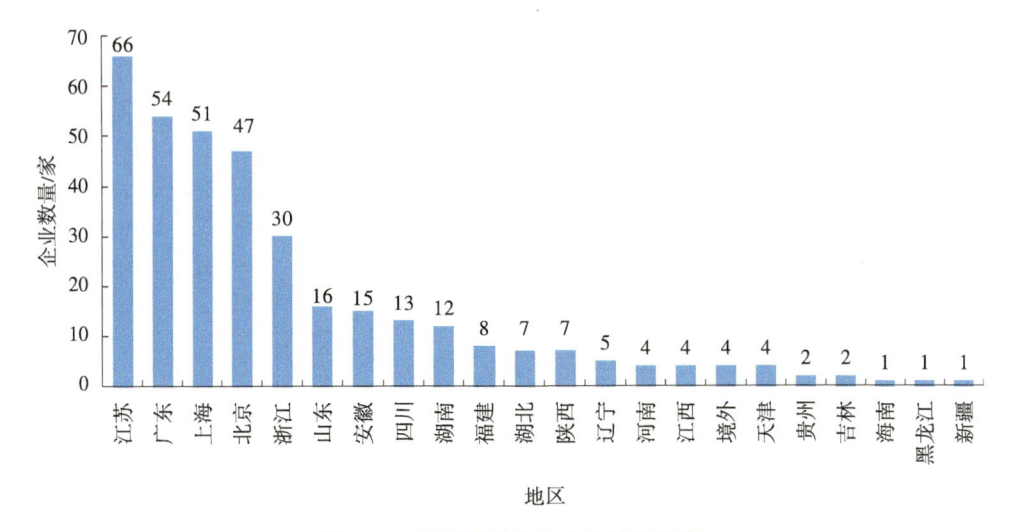

图 1-1 科创板已上市企业地区分布

1.2 科创板已上市企业行业分布

图 1-2 是科创板已上市企业证监会行业分布，根据证监会行业分类，其中计算机、通信和其他电子设备制造业的企业数量最多，共 79 家；专用设备制造业和医药制造业分别以 65 家和 46 家排名第 2 位和第 3 位。企业数量较多的行业还包括软件和信息技术服务业、化学原料和化学制品制造业、电气机械和器材制造业等。

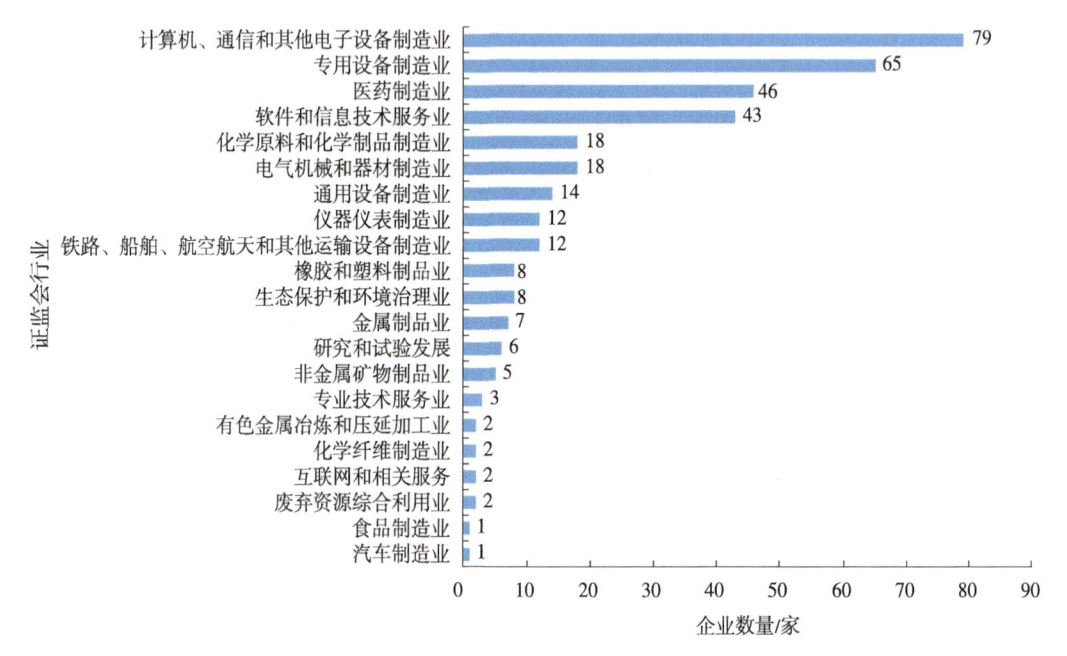

证监会行业	企业数量/家
计算机、通信和其他电子设备制造业	79
专用设备制造业	65
医药制造业	46
软件和信息技术服务业	43
化学原料和化学制品制造业	18
电气机械和器材制造业	18
通用设备制造业	14
仪器仪表制造业	12
铁路、船舶、航空航天和其他运输设备制造业	12
橡胶和塑料制品业	8
生态保护和环境治理业	8
金属制品业	7
研究和试验发展	6
非金属矿物制品业	5
专业技术服务业	3
有色金属冶炼和压延加工业	2
化学纤维制造业	2
互联网和相关服务	2
废弃资源综合利用业	2
食品制造业	1
汽车制造业	1

图 1-2 科创板已上市企业证监会行业分布

第 2 章 生物医药与健康产业科创板上市企业分析

生物医药与健康产业主要包括生物药、化学药、现代中药、医疗器械、医疗服务、健康养老等领域，具有高技术、高投入、高风险、高收益、长周期等特点。截至 2021 年 11 月 12 日，属于上述生物医药与健康产业范畴的科创板已上市企业共有 76 家。需要说明的是，生物医药与健康产业范畴与证监会行业不完全一致，经过梳理，上述生物医药与健康产业范畴内的企业涉及证监会行业中的医药制造业、专用设备制造业、研究和试验发展等。

2.1 生物医药与健康产业科创板已上市企业地区分布

图 2-1 是生物医药与健康产业科创板已上市企业各地区分布情况，江苏省、上海市和北京市分别以 15 家、15 家、12 家企业位列前 3 名，广东省共包括 7 家企业，位列第 4，上述排名前 4 位的地区企业数量约占总数量的 64%。另外，四川省、湖南省、山东省、浙江省也包括一定数量的已上市企业。

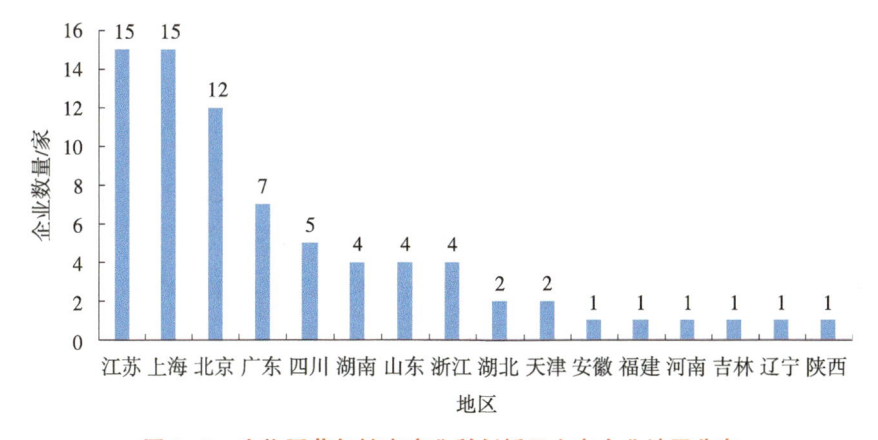

图 2-1　生物医药与健康产业科创板已上市企业地区分布

2.2 生物医药与健康产业科创板已上市企业领域分布

图 2-2 是生物医药与健康产业科创板已上市的 76 家企业在各细分领域分布情况，76 家企业的主营产品分为药物、医疗器械、诊断检测、疫苗、生物制品、实验耗材 6 个细分领域。其中药物领域的企业数量最多，达到 27 家，占比为 36%；医疗器械领域的企业数量次之，共 20 家，占比为 26%；诊断检测领域的企业数量共 14 家，占比为 18%；另外，疫苗、生物制品和实验耗材领域也具有一定数量的企业。

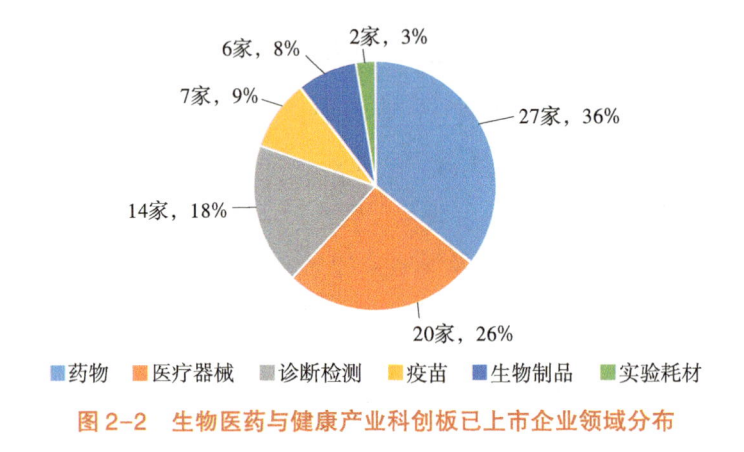

图 2-2 生物医药与健康产业科创板已上市企业领域分布

进一步分析药物、医疗器械和诊断检测这三个领域的企业省市分布发现，药物领域的企业主要集中在上海市（7 家）、江苏省（6 家）、北京市（4 家）和四川省（4 家）；医疗器械领域的企业主要集中在江苏省（6 家）、北京市（4 家）；诊断检测领域的企业主要集中在北京市（3 家）、浙江省（3 家）。

2.3 生物医药与健康产业科创板已上市企业知识产权分析

发明专利数量是科创板上市企业的一个重要指标，《科创属性评价指引（试行）》指出，属于科创板定位规定的相关行业领域中，申报科创板上市的企业形成主营业务收入的发明专利一般要达到 5 项以上。下面重点围绕生物医药与健康产业已上市 76 家企业的有效中国发明专利数量进行分析。专利通过 incoPat 数据库检索，检索日期截至 2021 年 11 月 12 日。

图 2-3 是生物医药与健康产业科创板已上市的 76 家企业有效中国发明专利分布情况。其中，有 12 家企业有效中国发明专利数量在 10 件以下，占比为 16%；有 52 家企业有效中国发明专利数量为 10~50 件，占比为 68%；有 7 家企业有效中国发明专利数量为 51~100 件，占比为 9%；有 5 家企业有效中国发明专利数量在 101 件以上，占比为 7%。

生物医药与健康产业科创板上市企业分析及启示

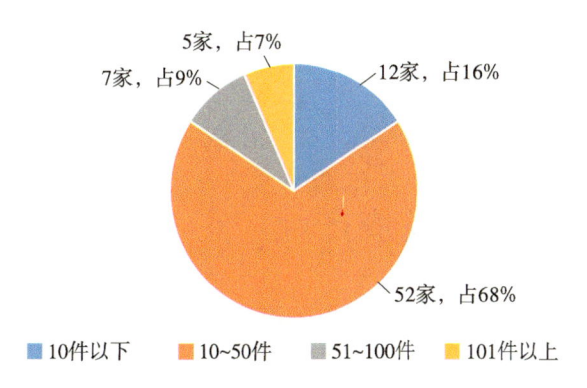

图2-3 生物医药与健康产业科创板已上市企业有效中国发明专利分布

上述半数以上的已上市企业有效中国发明专利数量为10~50件。其中,有效中国发明专利数量排名前3位的企业分别为天臣国际医疗科技股份有限公司、迈得医疗工业设备股份有限公司和苏州艾隆科技股份有限公司,其数量分别为171件、155件和146件,上述三家企业均属于医疗器械领域。

第 3 章　生物医药与健康产业广东省科创板上市企业分析

截至 2021 年 11 月 12 日，已在科创板上市的广东省生物医药与健康产业企业共达到 7 家，具体企业信息如表 3-1 所示。

表 3-1　生物医药与健康产业广东省科创板上市企业

序号	发行人全称	地市	上市日期	技术领域
1	深圳微芯生物科技股份有限公司	深圳	2019/8/12	药物
2	深圳普门科技股份有限公司	深圳	2019/11/5	医疗器械
3	广州洁特生物过滤股份有限公司	广州	2020/1/22	实验耗材
4	百奥泰生物制药股份有限公司	广州	2020/2/21	药物
5	广州安必平医药科技股份有限公司	广州	2020/8/20	诊断检测
6	深圳惠泰医疗器械股份有限公司	深圳	2021/1/7	医疗器械
7	深圳市亚辉龙生物科技股份有限公司	深圳	2021/5/17	诊断检测

从地市分布来看，已上市的 7 家企业均来自广州和深圳，其中 3 家注册地为广州，另外 4 家注册地为深圳。从技术领域分布来看，医疗器械、诊断检测、药物领域各有 2 家企业，实验耗材领域有 1 家企业。下面对每家企业的情况进行具体分析。

3.1　深圳微芯生物科技股份有限公司

深圳微芯生物科技股份有限公司是由资深留美归国团队于 2001 年 3 月创立的生物高科技领先企业，擅长原创小分子药物研发，研究领域为恶性肿瘤、代谢性疾病、自身免疫性疾病、中枢神经系统疾病及抗病毒 5 大领域的原创新药研发。深圳微芯生物科技股份有限公司是科创板上市的首家药物类企业，上市日期为 2019 年 8 月 12 日。目前已有 2 个产品获批上市（3 个适应证），4 个产品已进入临床开发阶段，还有 26 个在研新分子实体项目。

图 3-1 是深圳微芯生物科技股份有限公司自 2010 年以来的中国专利申请和 PCT 专利申请趋势。

图 3-1 深圳微芯生物科技股份有限公司中国专利申请和 PCT 专利申请趋势

从图 3-1 中可以得出，深圳微芯生物科技股份有限公司在国内外具有较完善的专利布局，特别是近 5 年的中国专利申请量和 PCT 专利申请量均较多。另外，已获准上市的抗肿瘤原创新药西达本胺的化合物发明专利（ZL03139760.3）获得了第 19 届"中国专利金奖"。

3.2 深圳普门科技股份有限公司

深圳普门科技股份有限公司成立于 2008 年，是一家研发和市场双轮驱动的专业化高科技医疗设备企业，属于医疗器械领域，覆盖治疗康复、体外诊断和家庭医疗领域，主要产品有多功能清创仪、光子治疗仪、高频振动排痰仪、空气压力波治疗系统、红外治疗仪、脉冲磁治疗仪、中频干扰电治疗仪、冲击波治疗仪等。深圳普门科技股份有限公司于 2019 年 11 月 5 日在科创板上市，曾获得 2015 年国家科学技术进步奖一等奖，目前是中国医疗器械行业第一家获得国家科学技术进步奖一等奖的企业。

深圳普门科技股份有限公司的主营产品为医疗器械，其专利布局主要在国内，并根据产品特点在发明、实用新型、外观设计这三种专利类型上均有较完善的专利布局，图 3-2 是其自 2010 年以来不同专利类型的专利申请趋势。

图 3-2 深圳普门科技股份有限公司不同类型专利申请趋势

3.3 广州洁特生物过滤股份有限公司

广州洁特生物过滤股份有限公司成立于 2001 年，是一家从事生物实验室高端耗材的研发、生产及销售的国家级高新技术企业，主要产品为生物培养和液体处理两大类，并配有试剂、小型实验仪器等。生物实验室耗材具有技术门槛高、垄断性强的特点，因此目前我国生物实验室耗材绝大部分依赖进口，广州洁特生物过滤股份有限公司是国内细分行业的龙头企业，于 2020 年 1 月 22 日在科创板上市。

图 3-3 是广州洁特生物过滤股份有限公司国内外专利申请趋势，从图中可以看出，广州洁特生物过滤股份有限公司在国内外具有较完善的专利布局，美国专利申请和 PCT 专利申请均具有一定的数量。同时，根据广州洁特生物过滤股份有限公司主营产品特点，其在发明、实用新型、外观设计这三种专利类型上均有相应的专利布局。

图 3-3　广州洁特生物过滤股份有限公司国内外专利申请趋势

3.4 百奥泰生物制药股份有限公司

百奥泰生物制药股份有限公司成立于 2003 年，是一家以创新药和生物类似药研发为核心的创新型生物制药企业，研发领域为新一代创新药和生物类似药，用于治疗肿瘤、自身免疫性疾病、心血管疾病以及其他危及人类生命或健康的重大疾病。百奥泰生物制药股份有限公司于 2020 年 2 月 21 日在科创板上市，目前已有格乐立® （阿达木单抗注射液）获得国家药监局批准上市，可治疗类风湿关节炎、强直性脊柱炎、银屑病、克罗恩病、葡萄膜炎、儿童银屑病、儿童克罗恩病和幼年特发性关节炎等自身免疫性疾病。

图 3-4 是百奥泰生物制药股份有限公司国内外专利申请趋势，从图中可以看出，

百奥泰生物制药股份有限公司在国内外具有较完善的专利布局，美国专利申请、PCT专利申请和欧洲专利申请均具有一定的数量。同时，百奥泰生物制药股份有限公司主营产品以创新药为主，其专利类型方面主要以发明专利布局为主。

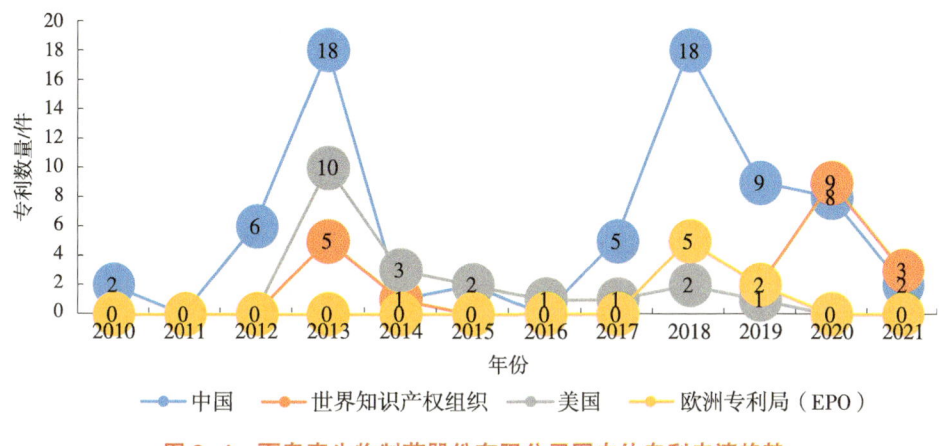

图 3-4　百奥泰生物制药股份有限公司国内外专利申请趋势

3.5　广州安必平医药科技股份有限公司

广州安必平医药科技股份有限公司成立于 2005 年，主要从事体外诊断试剂及仪器的研发、生产、销售和服务，属于诊断检测领域。广州安必平医药科技股份有限公司于 2020 年 8 月 20 日在科创板上市，主要产品涉及沉降式液基细胞学技术、反向点杂交 PCR 制备技术、实时荧光 PCR 制备技术、FISH 探针标记技术、IHC 病理诊断抗体筛选及质控技术和相关配套仪器制造技术。

图 3-5 是广州安必平医药科技股份有限公司国内外专利申请趋势，从图中可以看出，广州安必平医药科技股份有限公司以国内专利申请为主，并具有一定数量的 PCT 专利申请，同时在发明、实用新型、外观设计这三种专利类型上均有一定的布局。

图 3-5　广州安必平医药科技股份有限公司国内外专利申请趋势

3.6 深圳惠泰医疗器械股份有限公司

深圳惠泰医疗器械股份有限公司成立于2002年，主要从事心脏电生理和介入医疗器械的研发，属于医疗器械领域。深圳惠泰医疗器械股份有限公司于2021年1月7日在科创板上市，主要产品包括心脏电生理医疗器械、外周血管和神经介入器械等。

深圳惠泰医疗器械股份有限公司的主营产品为医疗器械，其专利布局主要在国内，同时具有PCT专利申请，根据产品特点其专利类型主要为发明和实用新型，图3-6是自2010年以来不同专利类型的专利申请趋势。

图 3-6 深圳惠泰医疗器械股份有限公司不同类型专利申请趋势

3.7 深圳市亚辉龙生物科技股份有限公司

深圳市亚辉龙生物科技股份有限公司成立于2008年，主营业务为以化学发光免疫分析法为主的体外诊断仪器及配套试剂的研发、生产和销售，属于诊断检测领域。深圳市亚辉龙生物科技股份有限公司于2021年5月17日在科创板上市，目前具备化学发光、免疫印迹、免疫荧光和酶联免疫四大体外诊断技术平台，主要产品涵盖自身免疫、感染免疫、生殖健康、糖尿病、心血管、肿瘤监测、内分泌代谢等业务领域。图3-7是深圳市亚辉龙生物科技股份有限公司国内外专利申请趋势。

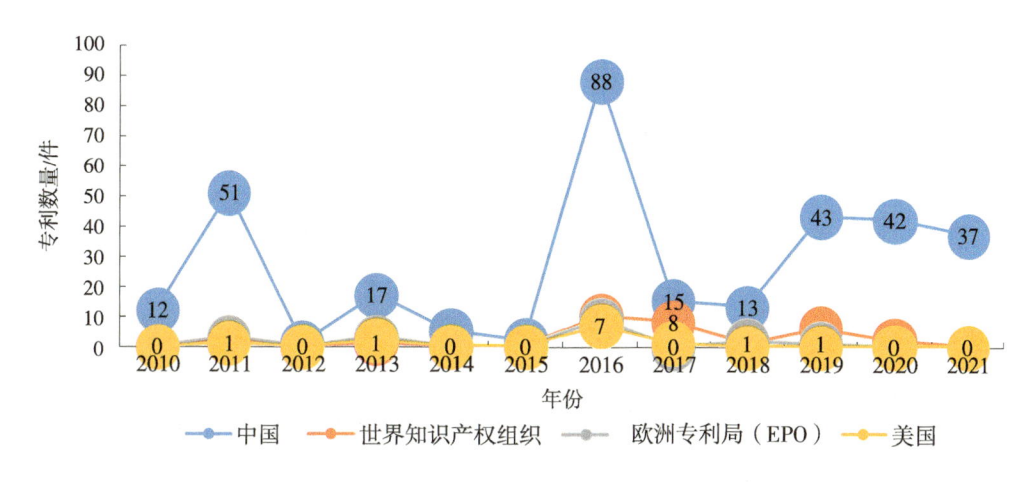

图 3-7 深圳市亚辉龙生物科技股份有限公司国内外专利申请趋势

从图 3-7 可以得出，深圳市亚辉龙生物科技股份有限公司在国内外具有较完善的专利布局，美国专利申请、PCT 专利申请和欧洲专利申请均具有一定的数量。同时，深圳市亚辉龙生物科技股份有限公司专利类型以发明专利布局为主，同时在实用新型专利和外观设计专利上也有一定的专利布局。

第4章　对广东省生物医药与健康产业发展的启示

通过对生物医药与健康产业广东省科创板已上市企业的分析可以得出，广东省内已上市的7家企业均具有扎实的技术研发能力和完善的知识产权布局，其主营产品具有优异的市场竞争力，7家企业涉及药物、医疗器械、诊断检测、生物实验耗材等领域，说明广东省在生物医药与健康产业方面具有较好的发展基础。同时，广东省生物医药与健康产业在以下方面还存在不足：

一是科创板上市企业的数量还有待进一步提升。目前，在生物医药与健康产业科创板上市企业中，广东省共有7家，占全省科创板上市企业的13%；江苏省共有15家，占全省科创板上市企业的23%；上海市共有15家，占全市科创板上市企业的29%；北京市共有12家，占全市科创板上市企业的26%。与上述省市相比，广东省在上市企业的数量及占比方面均存在一定的差距。

二是产业细分领域的布局还有待进一步完善。生物医药与健康产业广东省已上市7家企业涉及药物（2家）、医疗器械（2家）、诊断检测（2家）、生物实验耗材（1家）等领域，而在疫苗、生物制品等领域暂时还没有科创板上市企业，同时与江苏省、上海市、北京市等省市相比，创新药物和医疗器械领域的企业数量较少，后续需要在生物医药与健康产业的细分领域进一步加强布局。

三是全省发展均衡性有待进一步提高。目前已在科创板上市的7家企业均集中在深圳市（4家）和广州市（3家），广东省其他地市目前还没有科创板上市企业，需要进一步聚焦发展的均衡性。

针对上述存在的不足，可以从以下方面进一步完善和提高：

一是加强政策引导，鼓励科技企业创新。通过制定相应的政策激励科技型企业创新，助力科技型企业通过科创板等途径完成上市，进一步增加生物医药与健康产业上市企业的数量，提升广东省生物医药与健康产业整体实力。

二是完善产业布局，促进均衡发展。进一步发挥广东省在诊断检测、医疗器械等领域的优势，同时在药物、疫苗等领域进一步加强研究，完善产业链各细分领域布局；同时发挥广东省各地市的产业细分领域优势，实现全省生物医药与健康产业重点地市突出，其他地市均衡发展。

三是提升科创企业知识产权综合能力。针对生物医药与健康产业各细分领域特点及科创企业的主营产品特点，制定不同的知识产权策略，加强海内外和不同类型的专利布局，助力广东省生物医药与健康产业相关企业提升综合竞争力。

数字创意产业裸眼 3D 技术专利分析

周小燕　赵　飞　胡秋萍

广东省知识产权保护中心

数字创意产业是以数字技术为主要驱动力，围绕文化创意内容进行创作、生产、传播和服务而融合形成的新经济形态，主要包括数字创意技术和设备、内容制作、设计服务、融合服务四大业态，是广东省推进数字经济强省建设的重要方面。2020年，广东省工业和信息化厅、中共广东省委宣传部、广东省文化和旅游厅、广东省广播电视局、广东省体育局联合印发了《广东省培育数字创意战略性新兴产业集群行动计划（2021—2025年）》，并明确了"加强关键核心技术攻关。围绕产业链部署创新链，实施重点科技专项，加快数字特效、图像渲染、VR、全息成像、裸眼3D、区块链等重点领域关键核心技术攻关，加大空间和情感感知等基础性技术研发力度"。可见，裸眼3D技术是数字创意产业发展的一个关键核心技术。本文通过对裸眼3D技术及产业的专利数据进行分析，以期为数字创意产业发展提供建议。

第 1 章　裸眼 3D 技术及产业简介

裸眼 3D 技术不同于穿戴式 3D 技术，其无须佩戴任何辅助眼镜或头戴设备即可使用户观看立体显示效果，是一种新兴的显示技术。目前的裸眼 3D 显示方式主要有两种：视差 3D 显示和真 3D 显示，其中，视差 3D 显示是基于双目视差的裸眼 3D 显示，主要包括狭缝光栅式裸眼 3D 显示、柱面透镜光栅式裸眼 3D 显示和定向背光[1]。

由于 3D 显示设备能够实现对真实世界的三维场景重现，为观看者提供身临其境之感从而大大提高观看体验，自 19 世纪首个 3D 眼镜发明至今，3D 显示技术不断突破创新。随着 3D 显示技术的不断发展，3D 显示产业经历了孕育期到发展期并进入成熟期的三个发展阶段。其中，裸眼 3D 由于不需要佩戴辅助设备，为用户提供了体验感更强、舒适度更佳的视听享受，日益受到广大消费者的青睐，裸眼 3D 的产业也得到了快速发展。近几年，随着裸眼 3D 技术进入成熟期，其应用场景正在逐渐拓宽，比如用于购物、广告等。未来，还有望进入医疗、教育、旅游等多个领域[2]。2021 年裸眼 3D 行业投资规模为 8.32 亿元，相关机构预测 2026 年裸眼 3D 行业投资规模为 10.78 亿元，2021—2026 年裸眼 3D 行业投资规模复合增长率为 5.31%。

裸眼 3D 产业涉及的产业链分为上游、中游和下游，其中，上游包括图像拍摄、3D 影像处理、3D 节目制作等，中游为利用有线、无线、卫星等通信方式实现图像传输，下游为各种类型的裸眼 3D 接收播放设备。

本文结合裸眼 3D 产业链的上下游关系及裸眼 3D 技术在数字创意产业的主要应用场景，重点关注上游的"视频图像制作"和下游的"显示终端"2 个技术分支；根据视频图像制作的内容，将"视频图像制作"进一步分为视频图像的拍摄及视频图像的处理；根据"显示终端"在数字创意产业的应用场景，重点关注便携式的裸眼 3D 显示设备、用于游戏的裸眼 3D 显示设备以及用于动漫的裸眼 3D 显示设备。裸眼 3D 产业技术分解表如表 1-1 所示。

表 1-1 裸眼 3D 产业技术分解表

一级技术	二级技术	三级技术
裸眼 3D	视频图像制作	视频图像拍摄
		视频图像处理
	显示终端	便携式显示设备
		用于游戏的显示设备
		用于动漫的显示设备

第 2 章 裸眼 3D 技术专利总体态势

本文选择商用专利检索平台 HimmPat 进行专利检索与分析。在进行检索前，首先提取了裸眼 3D 技术的主要 IPC 分类号和 CPC 分类号，结合裸眼 3D 技术所涉及的中英文关键词，采用 IPC 分类号、CPC 分类号结合中英文关键词方式构造检索式。随后对检索结果进行去噪，首先对分类号为 D 部、E 部的明显不属于该产业的数据进行了排除处理，其次对 C 部分类号中的不属于该产业的数据进行了人工去噪。截至 2022 年 12 月 31 日，经对检索结果进行申请号合并处理，裸眼 3D 全球专利数量 26156 件，其中，二级技术分支"视频图像制作"的专利数量为 14913 件；其下的三级技术分支"视频图像拍摄""视频图像处理"的专利数量分别为 5889 件、12494 件；二级技术分支"显示终端"的专利数量为 21863 件，其下的三级技术分支"便携式显示设备""用于游戏的显示设备""用于动漫的显示设备"的专利数量分别为 3168 件、4376 件、1601 件。

2.1 裸眼 3D 专利全球地域分析

统计裸眼 3D 全球专利的最早优先权国别，得出图 2-1 的裸眼 3D 全球专利来源地分布。由图 2-1 可知，裸眼 3D 专利的主要来源地为中国、日本、美国、韩国，其中，中国和日本的专利数量分别占全球专利总量的 20% 以上，美国紧随日本之后，占比也达到了全球专利总量的 19%。中国、日本、美国、韩国四国的专利总量占全球专利总量的近八成，可见，中国、日本、美国、韩国四个国家是裸眼 3D 技术的主要研发投入者。值得关注的是，在欧洲国家方面，英国的裸眼 3D 专利数量与欧洲专利局（EPO）的专利数量相当，德国的裸眼 3D 专利数量略少于欧洲专利局（EPO），分别占全球总量的 5% 左右，可见，英国和德国是欧洲国家中最重视裸眼 3D 技术研发的国家。

图 2-1　裸眼 3D 全球专利来源地分布（单位：件）

2.2　裸眼 3D 专利全球申请趋势分析

图 2-2 为裸眼 3D 全球及主要来源国在近 20 年的专利申请趋势，由于部分发明专利公开需 18 个月，近两年的申请数据不完全，故不列入趋势分析。由图 2-2 可知，裸眼 3D 全球专利的申请数量在近 20 年整体呈上升趋势，裸眼 3D 全球专利的年申请量在 2004 年突破了 500 件，其后各个年份的专利申请量一直保持在 500 件以上，展示出裸眼 3D 行业蓬勃向上的发展趋势。从 2010 年起，裸眼 3D 全球专利的申请数量进入快速增长阶段，并在 2012 年达到顶峰，2010—2019 年均保持了较高的年申请量，每年的专利申请量均超过了 1000 件，而 2020 年的专利申请量则略有下降。从裸眼 3D 全球专利的年申请数量趋势可知，裸眼 3D 技术在近 20 年快速发展，技术研发不断推进，在 2012 年顶峰后平稳发展。

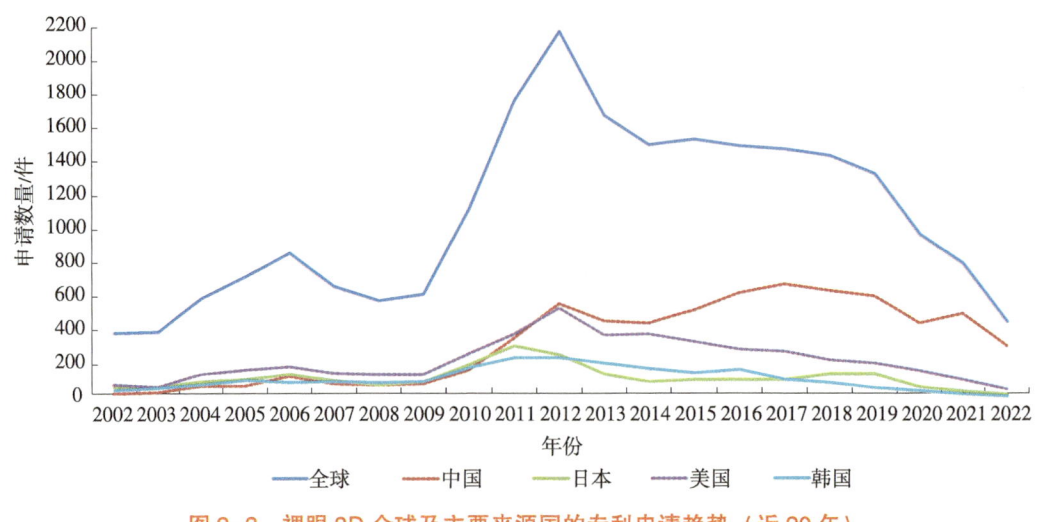

图 2-2　裸眼 3D 全球及主要来源国的专利申请趋势（近 20 年）

由图 2-2 可知，2011 年之前，中国、日本、美国和韩国四个国家的年申请量相当，均保持缓慢增长的趋势。在 2011 年之后，日本、美国、韩国的裸眼 3D 专利申请数量相继在 2011—2012 年到达峰值，随后呈下降趋势，其中，日本的峰值年份是 2011 年，美国和韩国的峰值年份为 2012 年，可见，日本在裸眼 3D 技术领域的研发早于其他国家。而中国的裸眼 3D 专利申请数量在 2011 年达到与日本、美国、韩国相当的水平，此后持续快速增长，直到 2017 年到达申请量峰值，且年申请量均保持在 400 件以上，远远超过了日本、美国和韩国。可见，近 20 年来，中国的裸眼 3D 技术研发与世界上的主要国家基本同步，并保持了源源不断的研发动力和活力。

2.3 裸眼 3D 各技术分支专利申请趋势分析

图 2-3 示出裸眼 3D 各技术分支专利申请趋势。在 2 个二级技术分支中，"显示终端"的专利数量一直大于"视频图像制作"，由此可见，裸眼 3D 技术中的设备和产品为研发和专利布局的重点。各技术分支的申请数量顶峰基本出现在 2012 年，即 2012 年是整个裸眼 3D 的产业顶峰。"显示终端""视频图像制作""视频图像处理"三个技术分支还在 2006 年出现过一个小高峰，2009 年后快速增长，且均在 2012 年达到顶峰后逐渐下降。"视频图像拍摄""便携式显示设备""用于游戏的显示设备"三个技术分支在 2012 年达到顶峰时的数量规模不大，专利年申请量不足 500 件，随后没有出现明显的下降趋势。其中，"用于游戏的显示设备"这一技术分支在 2012 年的顶峰之前出现小高峰的时间是 2004 年，比其他技术分支略早，可见，用于游戏的裸眼 3D 显示设备研发相对较早，表明裸眼 3D 技术在较早期的应用之一是游戏体验感提升。"便携式显示设备"这一技术分支在 2002—2008 年的专利数量较小，2009 年后进入快速增长期，2012 年达到高峰后仍波动式增长，在 2019 年再次达到高峰。其中的主要原因是近 10 年来芯片制造技术的提升使集成电路技术的发展实现电子元器件小型化，所以越来越多的研发聚焦到便携式裸眼 3D 显示设备上。同时，自手机进入智能时代后拓展手机各种智能应用的需求日趋强烈，也促进了裸眼 3D 便携式显示设备的研究发展。"用于动漫的显示设备"是裸眼 3D 技术较小的一个分支，专利数量不多，近年来发展平稳。

图 2-3 裸眼 3D 各技术分支专利申请趋势（近 20 年）

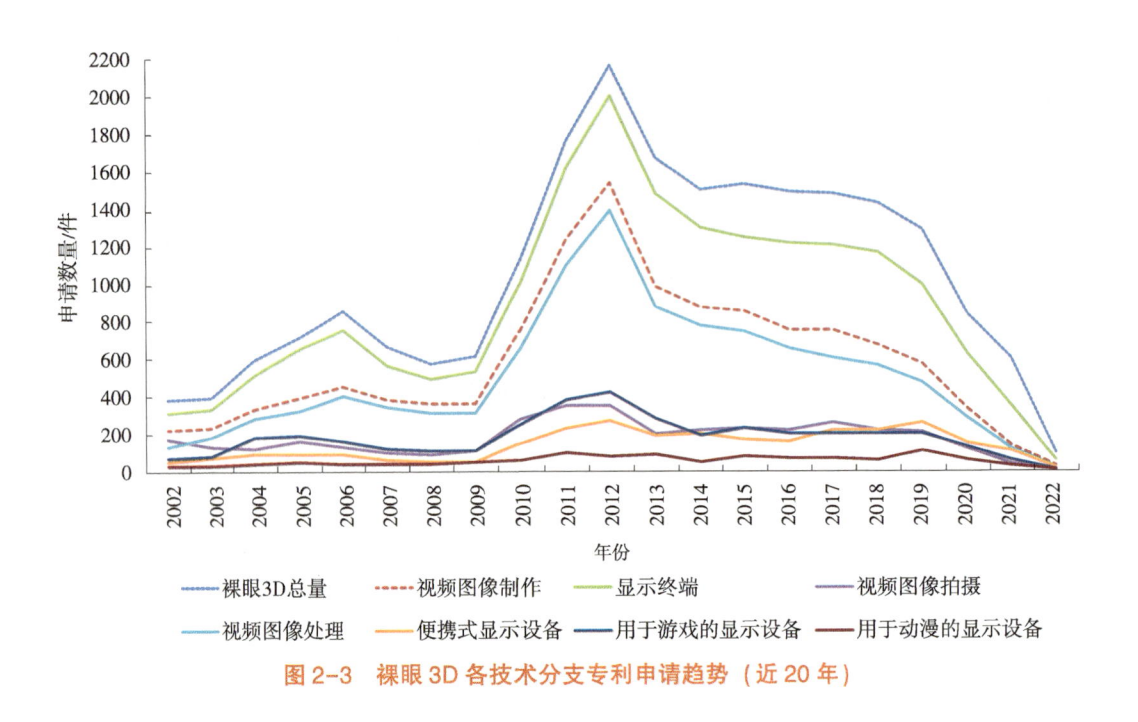

2.4 裸眼 3D 专利全球技术集中度分析

统计裸眼 3D 专利的第一申请人得到图 2-4 所示的裸眼 3D 专利全球技术集中度。由图 2-4 可知，裸眼 3D 专利的全球申请量前 10 的申请人为三星、飞利浦、京东方、乐金、索尼、夏普、东芝、镭亚、京瓷、视瑞尔，其中，索尼、夏普、东芝、京瓷为日本企业，三星、乐金为韩国企业，京东方、飞利浦、镭亚、视瑞尔分别为中国、荷兰、美国、德国企业。韩国 2 家企业的总量为 2233 件，日本 4 家企业的总量为 2012 件，可见，裸眼 3D 专利的主要申请人国别聚集十分明显，主要聚集在韩国和日本。

图 2-4 裸眼 3D 专利全球技术集中度（单位：件）

前10位的重要申请人可划分为三个梯队，韩国三星和荷兰飞利浦分别排名第1位和第2位，为第一梯队，它们的专利申请量均超过了1000件，而三星又以1494件的数量远超第2名飞利浦的1191件，分别占全球总量的5.7%和4.5%。排名第3~7位的京东方、乐金、索尼、夏普、东芝属于第二梯队，它们占全球总量的2%~3%，其中，中国的京东方以870件排名第3位。京东方是全球半导体显示产品龙头企业，目前全球有超过1/4的显示屏来自京东方，其超高清、柔性、微显示等解决方案已广泛应用于国内外知名品牌；全球市场调研机构Omdia数据显示，2022年第一季度京东方在智能手机、平板电脑、笔记本电脑、显示器、电视等5大应用领域液晶显示屏出货量均位列全球第一。排名第8~10位的镭亚、京瓷、视瑞尔属于第三梯队，它们的专利数量分别占全球总量的1%左右。

2.5 裸眼3D全球重要申请人技术布局分析

根据裸眼3D专利全球技术集中度的统计结果，对申请量前10位的申请人在不同技术领域布局的专利数量进行统计，其中不同技术领域以IPC分类号[3]区分，得到图2-5所示的裸眼3D全球重要申请人技术布局。由图2-5可知，前10位申请人在H04N、G02B和G02F三个IPC小类均申请了大量的专利。H04N小类涉及图像通信，其中申请量最多的大组是H04N13/00，其下有H04N13/302及其下位组涉及"用于不借助光学眼镜来观看，即使用自动立体显示装置"，也就是以裸眼3D为特征的显示装置。G02B涉及光学元件、系统或仪器，其中申请量最多的大组是G02B27/00，其下位小组G02B27/22及其下位组涉及"用于产生立体或其他三维效果的光学元件、系统或仪器"，即涉及3D显示装置中的光学元器件。G02F涉及用于控制光的强度、颜色、相位、偏振或方向的器件或装置，其中申请量最多的小组为G02F1/13，该小组涉及"基于液晶的对光的强度、相位、偏振或颜色的控制"，即偏振器、反射器等用于控制显示装置中光的偏振、强度等的元器件。此外，也有9个申请人在G09G小类申请了较多专利，G09G主要涉及对显示装置的控制装置和电路，其中申请量最大的大组为G09G3/00，涉及阴极射线管以外的显示装置的控制装置和电路，即液晶显示装置的控制装置和电路。可见，全球主要申请人重点围绕裸眼3D的显示装置进行研发和专利布局，主要涉及具有裸眼3D功能的显示装置及其光学部件、光的调整部件、显示模组、显示控制部件等。

图 2-5 裸眼 3D 全球重要申请人技术布局（单位：件）

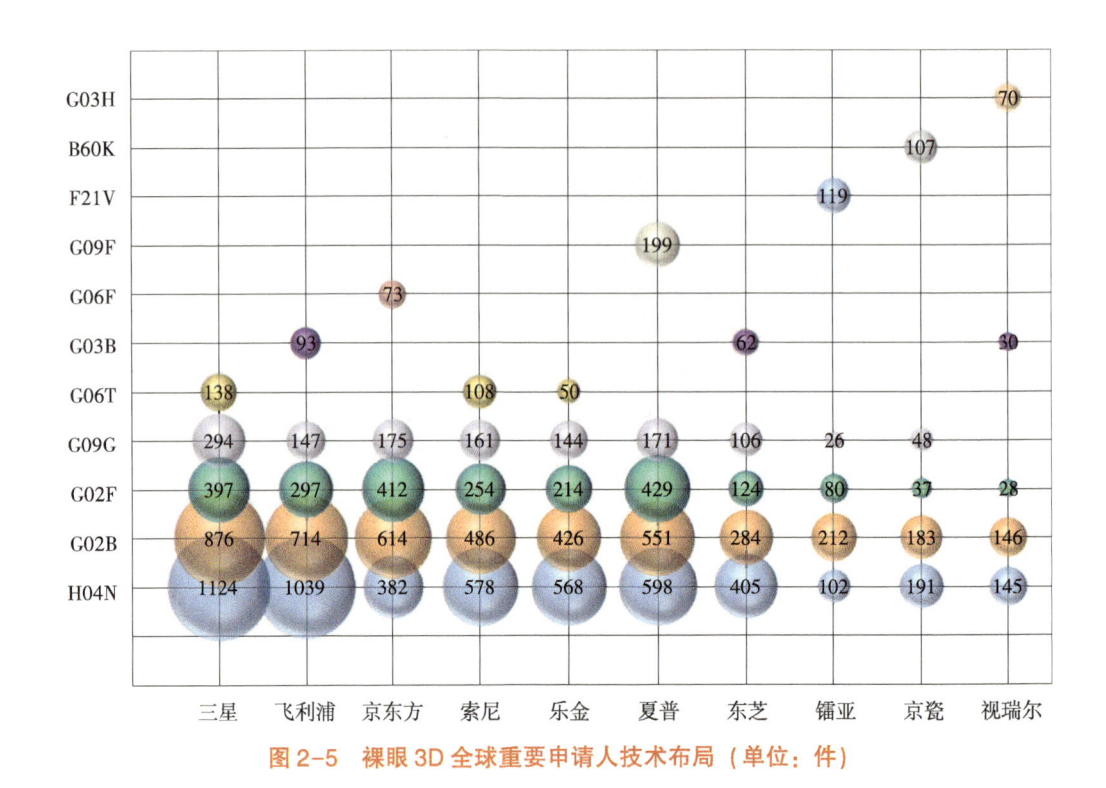

三星、索尼和乐金均申请了 G06T 小类的专利，该小类为"一般的图像数据处理或产生"，可见，三星、索尼和乐金还进行裸眼 3D 的视频图像处理的相关研发。

飞利浦、东芝和视瑞尔均申请了 G03B 小类的专利，视瑞尔还申请了 G03H 小类的专利，在 G03B 小类中申请量最多的大组是 G03B35/00，涉及"立体摄影术"，G03H 小类涉及"全息摄影的工艺过程或设备"，可见，飞利浦、东芝和视瑞尔还进行裸眼 3D 的视频图像拍摄的相关研发。

此外，镭亚还申请了 119 件 F21V 小类的专利，其中大多涉及裸眼 3D 显示装置的背光，可见，镭亚还专注裸眼 3D 显示装置的背光研发。京瓷在 B60K 小类申请了 107 件专利，该小类涉及主要车辆，可见，京瓷还注重裸眼 3D 显示在汽车方面的应用研发。

2.6 裸眼 3D 全球专利不同来源地被引用分析

不同来源国（地区）的专利被其他专利施引的次数可以体现该国（地区）所掌握技术的先进程度。由图 2-6 的裸眼 3D 全球专利不同来源国（地区）被引用情况可知，美国专利被引用次数遥遥领先，属于第一梯队；日本专利被引用次数排名第 2 位，是第三梯队的两倍，优势突出，属于第二梯队；韩国和英国分别排名第 3 位和第 4 位，被引用次数相当，第 5 位的中国与韩国和英国的数量差距不大，上述 3 个国家均属于第三梯队；欧洲专利局（EPO）和德国的被引用次数相当，属于第四梯队。可见，美国和日本是裸眼 3D 领域技术储备力量最为雄厚的国家，技术先进性较强。

图 2-6　裸眼 3D 全球专利不同来源国（地区）被引用情况

施引专利数量与该国专利数量比值表示该国单件专利的平均被引用次数，由图 2-6 可知，英国专利的施引专利数量与该国专利数量比值最高，日本次之，英国的数据远高于平均水平，一定程度上表明英国的裸眼 3D 专利质量比较高。中国、美国、韩国都是裸眼 3D 全球专利的主要来源国，但中国的施引专利数量与本国专利数量比值远低于日本和韩国，也低于欧洲专利局（EPO）和德国，是裸眼 3D 专利主要来源国（地区）中最低的，表明中国的裸眼 3D 虽有较大的专利规模，但技术先进性仍有待加强。

第 3 章 裸眼 3D 技术中国专利态势

截至检索日 2022 年 12 月 31 日，裸眼 3D 的中国专利申请量为 6903 件，其中，有效案件 2920 件、失效案件 3148 件、审中案件 835 件。以专利类型区分，发明专利 5212 件、占比为 75.5%，实用新型专利 1559 件、占比为 22.6%，外观设计专利 132 件、占比为 1.9%。可见，裸眼 3D 的中国专利整体以发明专利为主。

3.1 裸眼 3D 中国主要申请人分析

图 3-1 示出了裸眼 3D 中国专利申请量最大的前 15 位申请人，其中前 10 位申请人有 6 家国外企业、4 家国内企业，在仅有的 4 家国内企业中，除了京东方排名第一，另外三家进入前 10 位的企业排位比较靠后，且专利申请量不足 100 件。结合全球裸眼 3D 专利中我国专利数量占比 24% 的情况可知，国内裸眼 3D 的龙头企业不多，行业分散为众多中小企业。中国专利的前 10 位申请人中有 6 家外国企业，而这 6 家外国企业同时也是全球专利的前 10 位申请人，可见，全球重要申请人纷纷在中国进行专利布局，表明中国是裸眼 3D 的重要市场。从申请人的类型上看，排名 13 和 14 的申请人为成都工业学院和苏州大学这两所高校，可见，我国高校同样关注裸眼 3D 技术的研发，是裸眼 3D 技术研发的重要参与者。

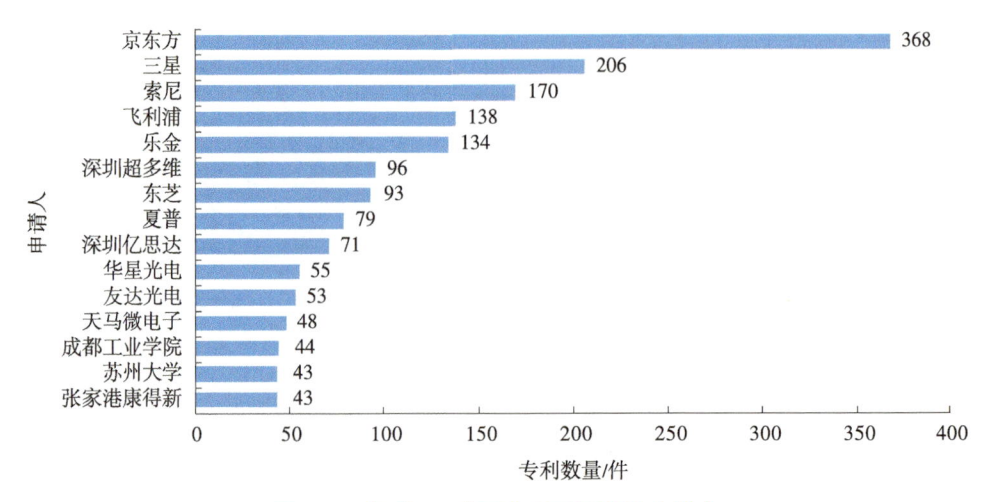

图 3-1　裸眼 3D 中国专利重要申请人排名

3.2 裸眼 3D 国内重要申请人技术布局分析

图 3-2 示出裸眼 3D 中国专利申请量最大的前 10 位国内申请人的技术布局情况。由图 3-2 可知，国内重要申请人分别为京东方、深圳超多维、深圳亿思达、华星光电、天马微电子、成都工业学院、苏州大学、张家港康得新、重庆卓美华视、中山大学。其中重庆卓美华视和中山大学未能进入图 3-1 的中国专利重要申请人的前 15 位，主要是因为三星、索尼、飞利浦等国外申请人在中国布局了大量专利，占据了前 15 位的部分席位。由图 3-2 可知，与全球重要申请人的技术布局相比，国内重要申请人的专利布局同样集中在 H04N、G02B、G02F 三个小类，均涉及裸眼 3D 功能的显示装置及其光学部件、光的调整部件、显示模组。但仅有中山大学一个申请人布局了 G09G 的专利，表明国内申请人的中国专利对裸眼 3D 液晶显示装置的控制装置和电路的关注不多。仅有苏州大学一个申请人布局了涉及"立体摄影术"的 G03B 小类。可见，整体上，国内申请人的研发范围较为单一，涉及裸眼 3D 下游的"显示终端"较多，而对上游的"视频图像制作"涉及不足。

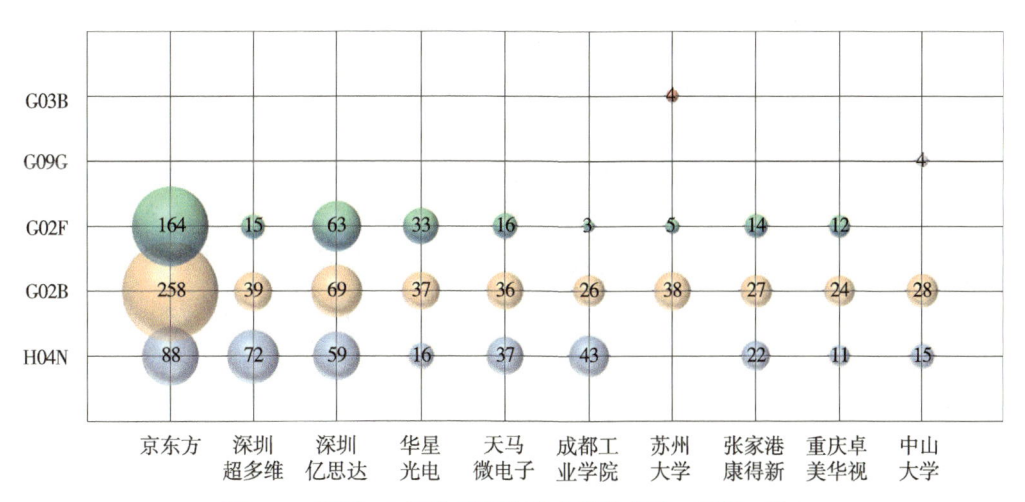

图 3-2 裸眼 3D 国内重要申请人技术布局（单位：件）

3.3 裸眼 3D 排名前 6 位地区申请情况分析

图 3-3 为裸眼 3D 中国专利申请量最大的 6 个地区及其在裸眼 3D 各个技术分支的专利申请情况。由图 3-3 可知，从裸眼 3D 专利的总量看，前 6 位地区依次为广东、北京、江苏、上海、浙江、四川；从各个技术分支看，广东和北京属于第一梯队，除动漫显示设备外，广东在每一个技术分支均排名第 1 位，而北京基本均排第 2 位，可见，广东和北京是裸眼 3D 技术发展最具优势且最均衡的两个地区。江苏和上海属于第二梯

队，交替占据各个技术分支的第 3 位和第 4 位；浙江和四川属于第三梯队，其中，浙江优势大于四川，在大多数技术分支排名第 5 位。

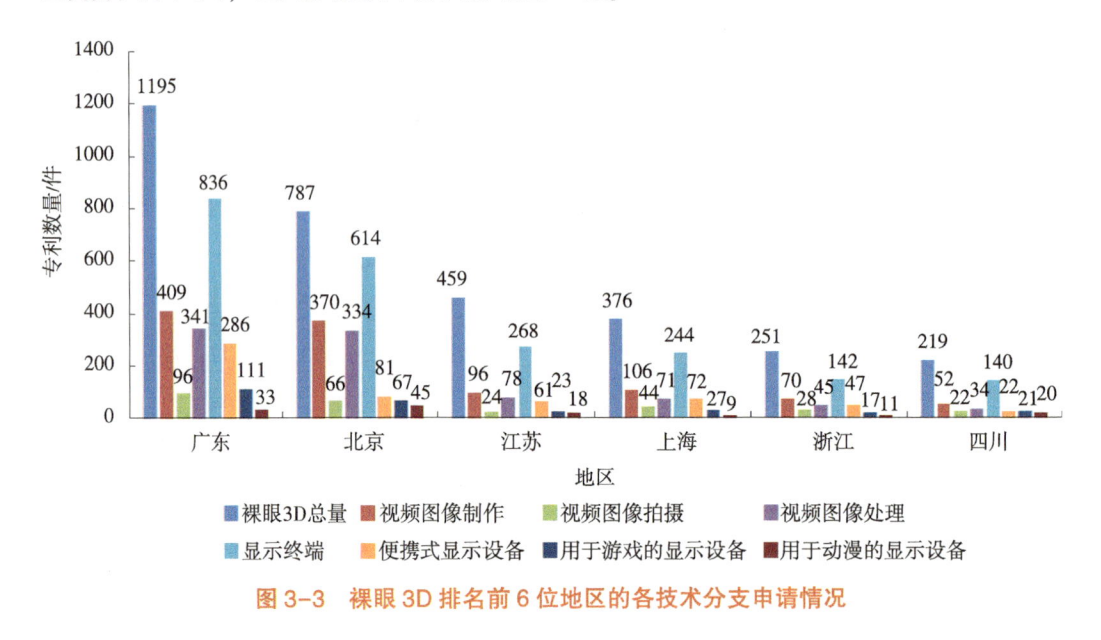

图 3-3 裸眼 3D 排名前 6 位地区的各技术分支申请情况

3.4 裸眼 3D 广东省重要申请人分析

图 3-4 示出裸眼 3D 广东省申请数量最大的 9 位重要申请人，由图可知，广东省的重要申请人中 8 家为企业，1 家为高校，可见，广东省内裸眼 3D 的技术研发以企业为主力。省内排名前 3 位的申请人还进入了图 3-1 示出的中国前 10 位申请人排名，数量大于其他地区。可见广东省在裸眼 3D 上较其他地区有优势。下面简单介绍省内排名前 3 位的申请人。

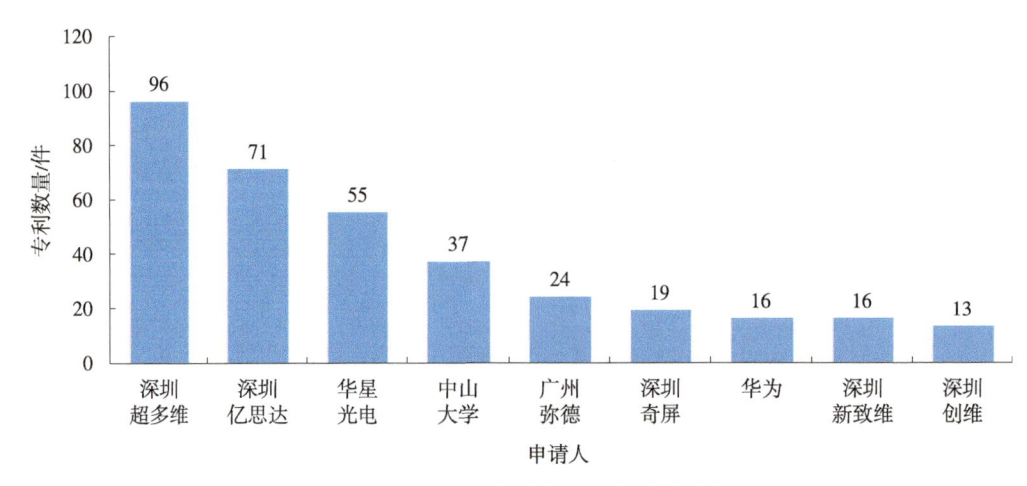

图 3-4 裸眼 3D 广东省重要申请人排名

省内排名第1位的深圳超多维是一家成立于2004年、总部位于深圳、专注于VR/AR和裸眼3D等视觉科技的创新企业，其在我国的北京、香港及美国硅谷均设有分公司，深圳超多维的裸眼3D显示技术在2013年获得中国国家技术发明奖一等奖。

省内排名第2位的深圳亿思达也是一家成立于2004年、总部位于深圳的高新技术企业集团，是国内科技实力领先的3D显示整体解决方案提供商，在3D行业技术标准制定方面掌握话语权，是中国"快门式3D眼镜国家标准"主要起草单位以及"美国消费电子协会（CEA）国际3D标准"起草单位。

省内排名第3位的华星光电成立于2009年，专注于半导体显示领域的创新，是全球半导体显示龙头之一，其产品覆盖大中小尺寸面板及触控模组、电子白板、拼接墙、车载、电竞等高端显示应用领域，构建了在全球面板行业的核心竞争力。

3.5 裸眼3D广东省重要地市申请情况分析

图3-5示出裸眼3D广东省排名前5地市的各技术分支申请情况。深圳、广州、东莞、佛山、惠州是广东省内裸眼3D中国专利最多的5个地市。深圳在裸眼3D专利总量以及各个技术分支的专利数量上均具有绝对优势，图3-4也示出广东省内的重要申请人基本为深圳企业。广州的整体实力为省内第二，其中，广州的裸眼3D专利的一个重要来源是中山大学、华南理工大学、华南师范大学、广东工业大学等高校，区别于深圳几乎以企业为主的情况。东莞和佛山的裸眼3D专利主要来源于各类中小企业，惠州则集中来自本地显示产业的相关公司。

图3-5 裸眼3D广东省排名前5地市的各技术分支申请情况

第 4 章 总结与建议

通过前文对裸眼 3D 全球专利和中国专利及各个技术分支的分析，可以得出以下结论：

第一，裸眼 3D 技术在经过快速发展后已进入平稳期，"显示终端"技术分支是行业的关注重点；"视频图像制作"技术分支的发展趋势减缓；属于裸眼 3D"显示终端"在数字创意产业的应用之一的"便携式显示设备"技术分支呈增长趋势。中国、日本、美国、韩国是裸眼 3D 技术的产出国，日本和韩国的技术集中度较高，拥有多家优势企业。日本企业在裸眼 3D 的上下游均有布局，且日本专利质量较高，是发展最为全面的技术领先国家。

第二，中国是裸眼 3D 技术重要目标市场国，且在全球进入平稳期时仍保持了较好的增长趋势。国内的裸眼 3D 头部企业相对较少，且头部企业的技术布局仅集中在"显示终端"方面，其他技术分散在众多中小企业当中。国内高校积极投入裸眼 3D 的研发。裸眼 3D 中国专利存在"大而不强"的问题，与日本、美国、韩国等领先国家存在明显差距。

第三，广东省的裸眼 3D 产业发展处于国内领先水平，各技术分支发展均衡，多个广东省申请人进入国内前 10 位，已形成多个重要申请人竞争发展的良好局面。省内的深圳市是裸眼 3D 的优势地市，广州市则有多所知名高校投入裸眼 3D 的研发。

基于广东省的裸眼 3D 发展情况，本文提出如下建议：

第一，为适应数字创意产业中"内容制作"业态的需求，同时补足我国在裸眼 3D 产业的上游短板，建议加强裸眼 3D"视频图像制作"相关的裸眼 3D 视频拍摄及其设备、裸眼 3D 视频图像合成和处理、裸眼 3D 视频内容编码等技术研发和专利布局，支持拥有裸眼 3D 视频图像拍摄及视频图像处理核心技术的企业发展，培育裸眼 3D 视频图像制作和处理的优势企业。

第二，加大裸眼 3D 关键技术的研发力度，如在裸眼 3D 的光学部件、关键光学材料及工艺、显示模组、显示控制等关键技术上加强研发，搭建"产学研用"合作平台，引进省外高校的研究成果到广东省内落地应用，促进省内中山大学等高校的研究成果落地转化，为产业发展提供创新动力。

第三，加强省内优势企业的合作，推动不同细分技术的优势企业合作研发，如裸眼3D企业与显示面板企业、移动终端企业的合作研发，加快推动裸眼3D在移动终端屏幕以及商业大场景的应用。建设广东省裸眼3D产业联盟，鼓励省内裸眼3D优势企业的专利交叉许可。鼓励省内优势企业进一步提升自身品牌影响力，打造海内外知名品牌。

第四，利用深圳、广州在数字创意及裸眼3D技术方面的优势基础，在深圳和广州发展沉浸式体验型数字创意内容的产业集聚区，推动数字创意及裸眼3D产业融合发展。

参考文献

[1] 何涌. 全分辨率裸眼3D显示系统研究［D］. 泉州：华侨大学，2020.

[2] 张宣，蔡姝雯. "裸眼3D"漫漫十年研发路的启示［N］. 新华日报，2022-06-08（11）.

[3] 国家知识产权局. 国际专利分类表（2022版）［A/OL］.（2022-05-19）［2023-10-16］. https://www.cnipa.gov.cn/art/2022/5/19/art_2152_175662.html.

备注：本文的部分内容发表于《中国信息科技》2022年第22期，总第687期，期刊刊号：ISSN 1001-8972。

食品产业外观设计专利的现状及相关建议

苏颖君 赵 飞 郑少金

广东省知识产权保护中心

现代农业与食品产业集群是广东省十大战略性支柱产业集群之一，具有坚实的发展基础和增长趋势，是广东经济的重要基础和支撑。随着社会的发展以及技术和材料的进步，传统食品已经不能满足人们对食品的多样化需求，例如传统面点越来越追求造型创新，蛋糕类产品装饰性较强、设计风格丰富，这些需求也直观反映到外观设计专利申请的数量上。本文通过分析专利数据、现有设计特点、产品设计要素等信息，为推进该产业集群的发展提供参考。

第1章　食品外观设计专利保护背景

我国1985年的第一部《专利法》第二十五条规定："对下列各项，不授予专利权：……四、食品、饮料和调味品。……对上款第四项至第六项所列产品的生产方法，可以依照本法规定授予专利权。"可见，当时食品是不能获得专利权的，一些食品的外观设计专利申请被驳回。

直至1986年11月、1987年11月两件食品外观设计专利（见图1-1、图1-2）的申请人针对其被驳回的申请提出复审请求，食品外观设计是否应得到专利法保护才引起了相关部门的重视。其中专利申请"运动糖"被驳回后，向专利复审委员会（现已改名为国家知识产权局专利局复审和无效审理部，下同）提出复审请求，并表示该产品申请专利后已投放市场，由于配料科学、考究、造型和包装新颖、美观，受到顾客赞扬，在沈阳、上海、深圳都供不应求。因此已经出现了仿制现象，他们模仿的正是"运动糖"的造型、色彩和包装，以欺骗顾客，争夺"运动糖"的市场，所以，如果

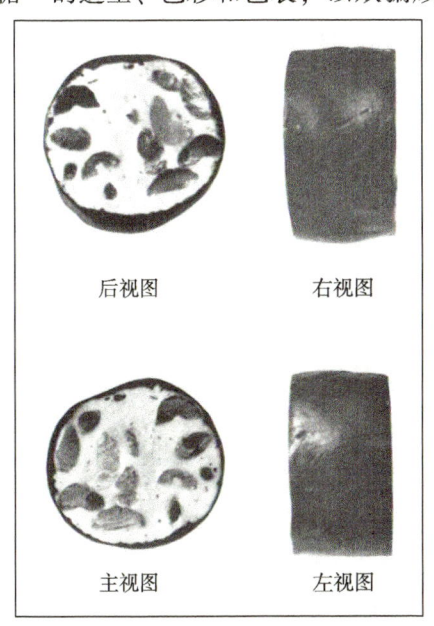

图1-1　"运动糖"外观设计视图　　　图1-2　"棒棒糖"外观设计视图

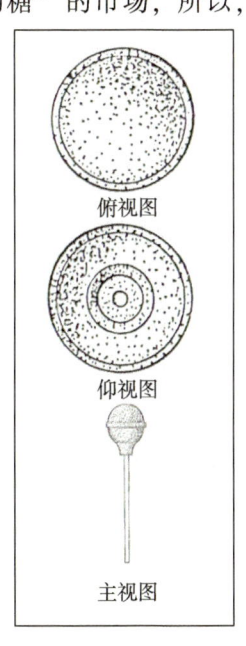

这一专利申请被驳回，仿制者粗制滥造的产品将会破坏这一名牌糖果的信誉，使发明人精心设计的优秀产品付之东流，使群众利益受到损害。而另一件是西班牙的恩里克·伯纳特·丰利亚多萨所申请的"棒棒糖"外观设计，被驳回后也向专利复审委员会提出了复审请求。

发展我国的食品工业，促进食品工业上的发明创造并保护食品工业的发明创造，符合我国《专利法》的立法要旨。我国相关部门经过一系列的调研、反复讨论、对立法初衷的解析，最终决定对食品外观设计授予专利权，这样更符合立法宗旨。1992年，对我国《专利法》进行第一次修改的决定通过，由此，食品的外观设计得到了专利法的保护。

第 2 章 食品外观设计专利申请现状分析

2.1 食品外观设计专利申请趋势分析

本报告采用的专利数据均来自 incoPat 商业数据库，对中国食品外观设计专利申请进行检索，共检索到 13720 件专利申请，将相关专利申请按照申请年进行统计，得到年度申请量趋势如图 2-1 所示。❶ 由于近年部分专利申请尚未完全公开，因而 2022 年的数据不参与趋势分析讨论。

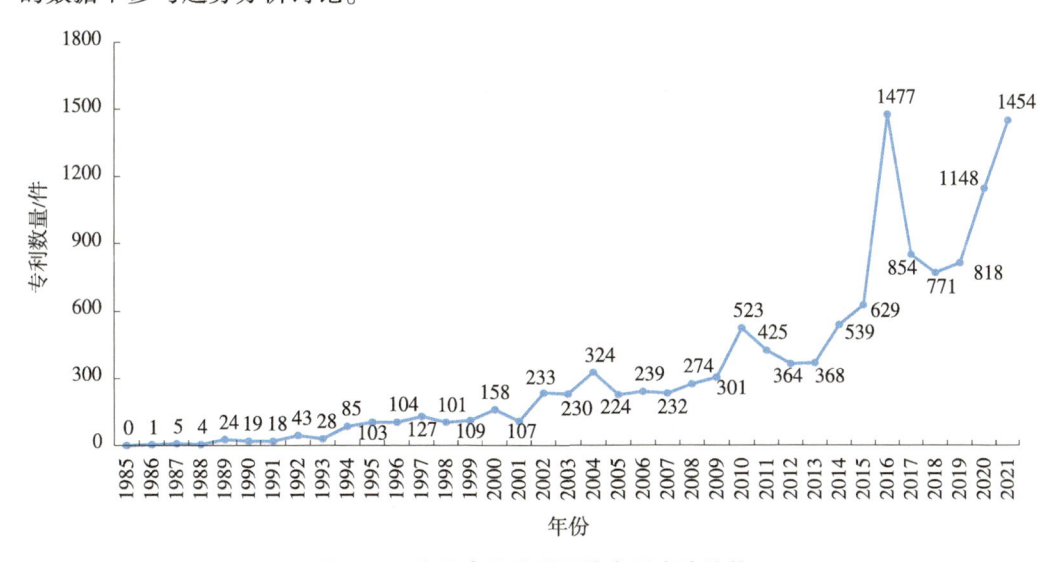

图 2-1 中国食品外观设计专利申请趋势

由图 2-1 可知，食品外观设计的增长主要分三个阶段。第一阶段是 1985—1991 年，我国实施《专利法》初期，当时食品不能获得授权，一些申请会被驳回。自 1986 年开始，两件食品外观设计专利申请被驳回提出复审请求后，最终获得授权，陆陆续续有少量食品外观设计专利申请获得授权。第二阶段是 1992—2000 年，《专利法》经第一次修改，食品的外观设计得到《专利法》的保护，因此外观设计申请量在前期有少量增长，但绝对数量仍较少。第三阶段为 2001 年至今，食品外观设计申请量相较上一阶段增长速

---

❶ 此处数据总和为截至 2022 年的数据，故与图中数据不一致。

度有所加快，幅度也有所增大，2016 年首次超过 1000 件。

图 2-2 为广东食品外观设计专利的年度申请量趋势，共检索到 1726 件专利申请，申请趋势与全国的申请趋势趋同。

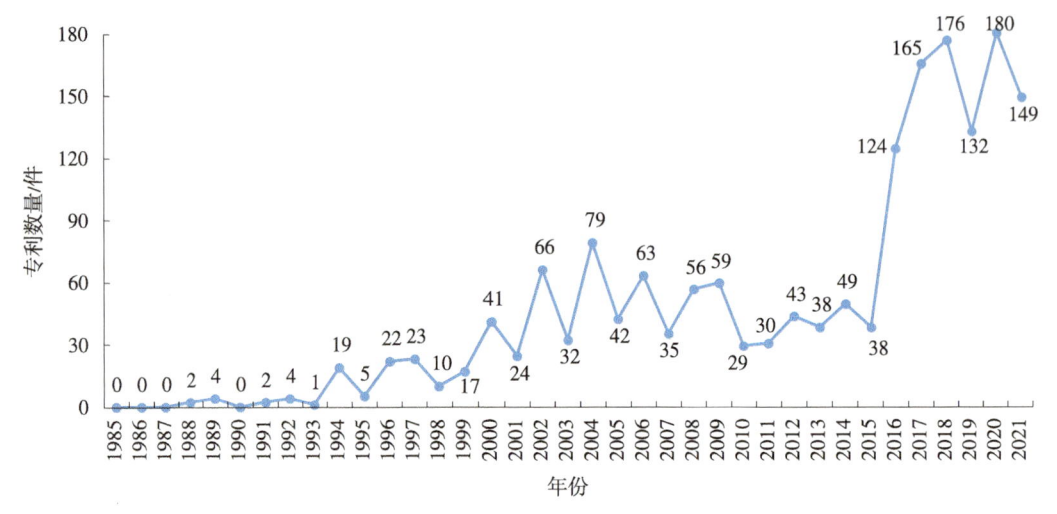

图 2-2 广东食品外观设计专利申请趋势

2.2 食品产业各领域外观设计专利申请分析

图 2-3 为我国食品产业各领域外观设计专利申请的数量分布，具体根据《国际外观设计分类表（第 13 版）》划分，01 大类为食品类产品，其中包含 7 个小类，各小类分布对应的领域如表 2-1 所示。申请量较多的产品种类主要集中在 01-01 中，此外 01-06 和 01-99 的申请数量也较多。

图 2-4 为广东食品产业各领域外观设计专利申请的数量分布，各领域的申请分布与全国的趋同。

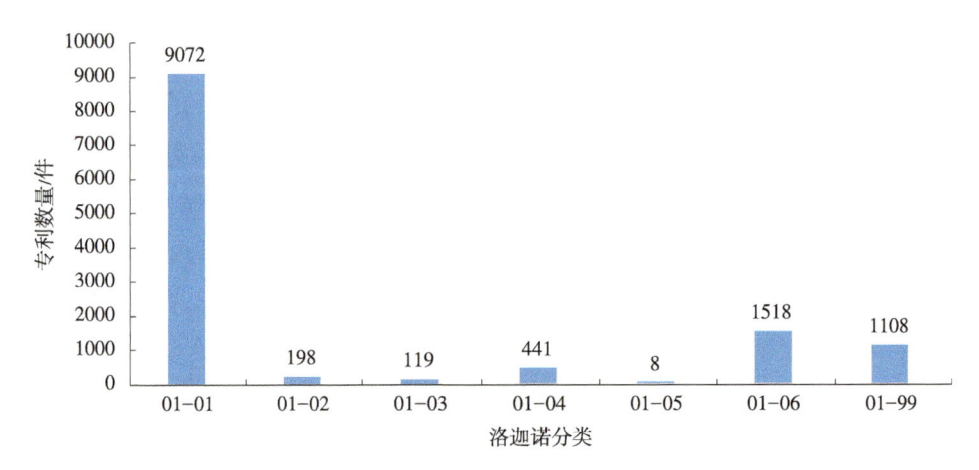

图 2-3 中国食品产业各领域外观设计专利申请分布

食品产业外观设计专利的现状及相关建议

表 2-1　食品产业领域

小类	领域
01-01	烘制食品、饼干、点心、意大利面制品及其他谷类食品，巧克力，糖果类，冰冻食品
01-02	水果、蔬菜和水果蔬菜制品
01-03	奶酪、黄油及其代用品、其他奶制品
01-04	肉制品（包括猪肉制品）、鱼肉制品
01-05	豆腐和豆腐制品
01-06	动物食品
01-99	其他杂项

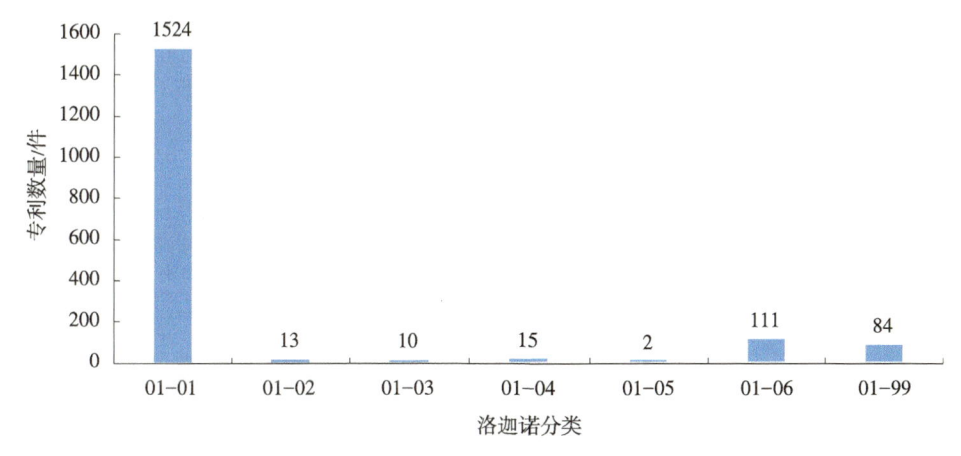

图 2-4　广东食品产业各领域外观设计专利申请分布

2.3　食品外观设计专利申请主要申请人

图 2-5 是中国食品产业的外观设计专利申请量前 20 位的申请人统计。由图 2-5 可知，对于中国食品产业，北京好利来、重庆华生园（刘崇华）专利申请量超过 400 件，属于第一梯队，而郑州思念、深圳幸福商城、山东海创、安徽天徽名都（柯绍元）属于第二梯队，专利申请量均大于 100 件。

图 2-6 是广东食品产业的外观设计专利申请量前 20 位的申请人统计。相较于全国的主要申请人，其申请量偏少，且个人申请占有一定比例。

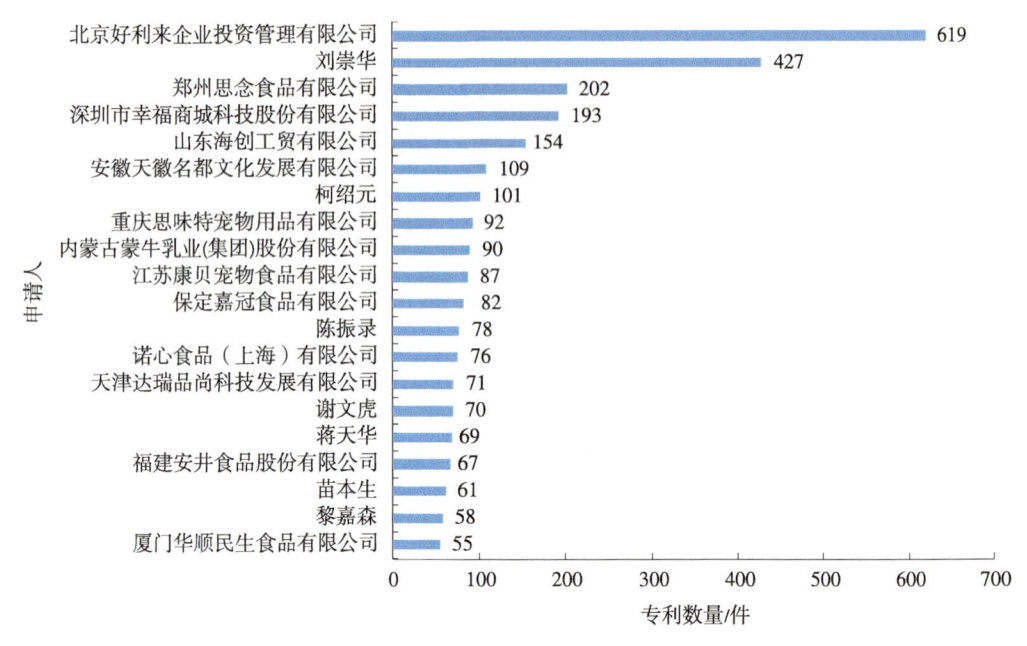

图 2-5　中国食品外观设计专利申请主要申请人

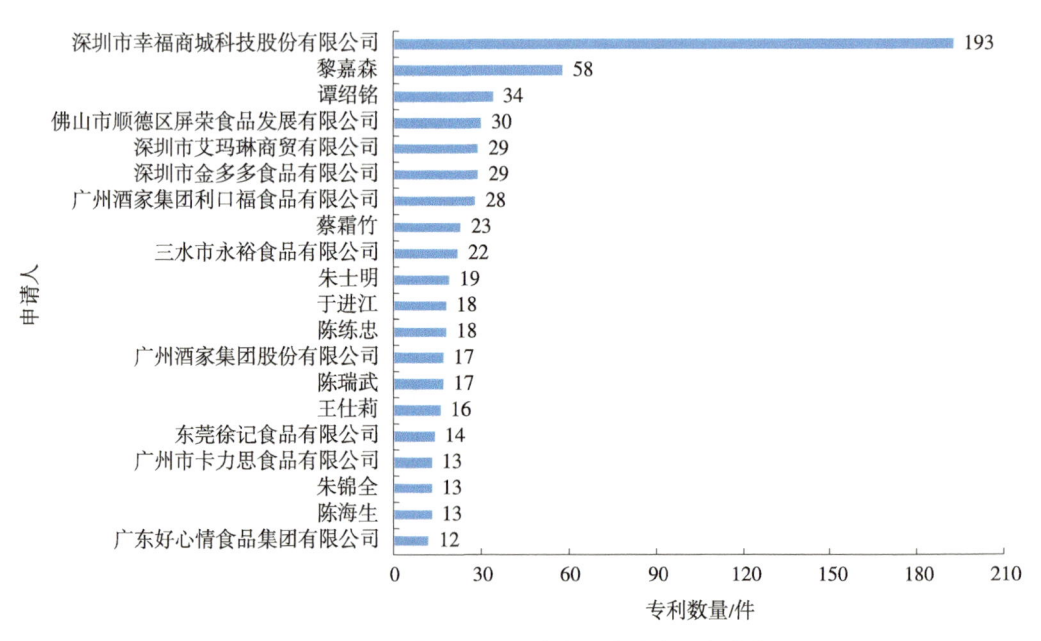

图 2-6　广东食品外观设计专利申请主要申请人

2.4　中国食品外观设计专利申请地域分析

将中国食品外观设计专利申请按照中国地区分布进行统计分析。如图 2-7 所示，中国食品产业的外观设计专利申请主要分布于广东、北京、山东、浙江、福建、江苏、

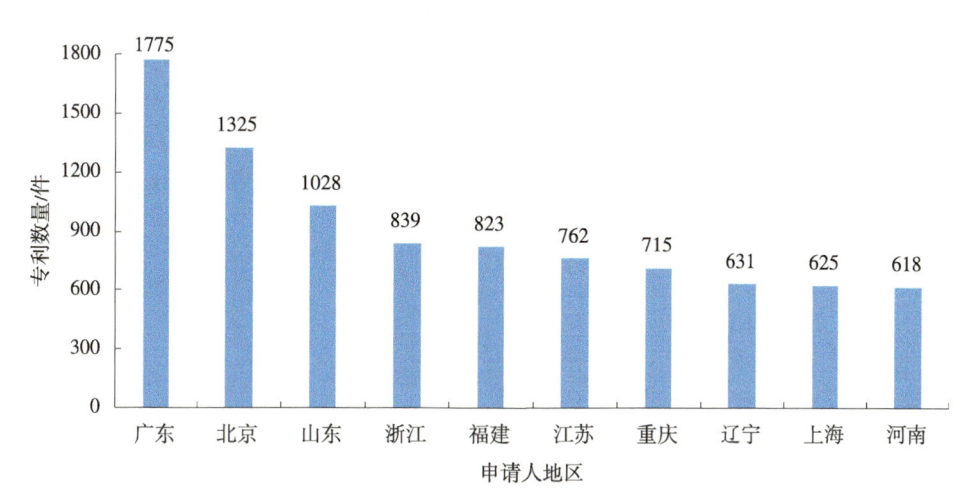

重庆，其中，广东的专利申请量较为领先。

图 2-7　中国食品外观设计专利申请地区统计

2.5　食品外观设计专利申请情况小结

食品类产品与人们的生活密切相关，该类产品的市场竞争尤为激烈，品牌的打造在该领域极其重要。其中产品的外观设计给人以直观、鲜明的感受，一项好的外观设计更有利于产品品牌的打造。食品产业的外观设计专利申请量的增加趋势揭示了企业对外观设计越来越重视。广东与全国的食品外观设计专利申请趋势趋同，广东与全国的食品产业各领域外观设计专利申请分布趋同，广东的食品产业的外观设计专利申请在全国范围内也较为领先，从三个角度分析结论一致，反映了广东对食品产业知识产权的保护意识较强，注重品牌打造，也印证了"食在广东"的美誉。

从食品外观设计专利申请的竞争格局来看，企业与个人申请量相当，部分个人实则为企业的法定代表人，由于外观设计专利公开较快，也较容易被模仿，为避免竞争对手过快关注到重点企业研发动向，以个人名义申请为专利布局的策略之一。

第3章　食品产业的外观设计产品特点分析

3.1　食品产业主要产品现有设计的特点

3.1.1　中国食品产业主要产品现有设计的特点

随着我国的食品产品的外观设计申请量、授权量逐年增加，外观设计专利权评价报告请求数量也在逐年攀升，是否具有新颖性决定了该专利的稳定性，为提高申请质量，了解现有设计特点是重要的前提之一。中国食品类产品外观设计申请较多的产品种类主要集中在 01-01 中，其次是 01-06 和 01-99，包括蛋糕、糖果、点心、饼干、面包、宠物食品等，这些产品种类的现有设计特点如表 3-1 所示。

表 3-1　中国外观设计专利申请主要产品种类现有设计特点

产品种类	现有设计特点
蛋糕类	外观是选购的重要因素，设计题材越来越广泛，更加追求装饰性，造型多样，呈现精致化复杂化，整体设计水平有明显提高。
糖果类	糖果类包括普通糖果、棉花糖、棒棒糖等。形状图案丰富，设计空间较大，除常规造型外，更多地采用卡通造型和卡通图案，色彩通常较鲜艳，五彩缤纷。
冰淇淋与雪糕类	冰淇淋的设计点在蛋筒和冰淇淋的形状、色彩、图案上，由于其状态不稳定，设计空间相对较小；雪糕类产品的形状、图案、色彩的设计空间相对较大，题材丰富广泛，卡通、仿生等，还涌现出不少结合文化题材的文创雪糕。
点心类	点心可分西式和中式，在形状上设计空间较大，图案色彩相对较小，其中中式点心多为传统造型，具有地方特色的食品和传统节日的应节食品会结合更多的传统元素，也越发呈现创意，吸引不同消费者。
饼干类	饼干体积较小，一般为块状，其形状、图案、色彩都存在较大的设计空间。
巧克力类	巧克力形状主要有片排式和颗粒状两种，片排式巧克力一般为分割形式，在单元块上也有较简单的图案和形状设计；颗粒状巧克力体积较小，设计变化主要体现在形状上，色彩受限于原材料色彩，变化较小。
面包类	面包类产品形状主要与面包类型相关，如吐司、三明治、法棍、甜甜圈等通常有特定形状，在图案和色彩上相对有更多的设计空间。

续表

产品种类	现有设计特点
宠物食品类	宠物食品类产品包括狗粮、猫粮、磨牙棒、咬胶零食等,形状一般会根据动物习性进行设计。
茶叶类	茶叶类产品主要体现在茶饼、茶砖等的形状设计,其次是图案,色彩呈现茶本身自然色彩。

3.1.2 主要国家食品产业主要产品现有设计的特点

一方水土养一方人,各国饮食文化差异明显,食品也各有特色,风格各异,随着全球化的进程加速,中西饮食文化在碰撞中融合,中国的食品设计和风格也逐渐受到外国食品文化影响。了解主要国家的饮食文化和现有设计特点,也有助于为食品类产品的设计提供参考,具有一定的借鉴意义。下面主要对日本、韩国和美国的食品外观设计专利申请现状进行分析,日韩属于我们邻近的国家,饮食文化与中国有较多的相通之处,也有其明显的地方特色,美国则是作为西方饮食文化的代表。具体分析如表3-2所示。

表3-2 各主要国家外观设计专利申请现状

主要国家	饮食文化	外观设计专利申请现状
日本	日本料理,主要分为两大类:日本和食和日本洋食。日本人自己发明的食物就是和食,如寿司、刺身、天妇罗等,多以生鲜为主,日本和食要求色自然、味鲜美、形多样、器精良,而且材料和调理法重视季节感。从外国引进并经过改造的食物就是洋食,如蛋包饭、拉面等,兼具引入国和日本的饮食文化特点。	日本饮食以注重外观为主,追求造型美,其食品外观设计专利除以生鲜为主,色彩造型均美不胜收。
韩国	韩国料理以辣见长,传统韩国料理着重使用肉类、海鲜、蔬菜,多用煮、烤、生吃、凉拌;而现代产生的新韩国菜则特别注重外形新颖有噱头,多使用芝士、油炸、面粉、鸡蛋等接近西方的料理形式。 正宗的韩国本土料理是少油、无味精、营养丰富的健康料理,鼓励人体每天需要摄入5种颜色以上的食物,故韩国菜有"五色五味"之称;颜色为红、绿、黄、白、黑,味道为咸、辣、甜、酸、苦。	韩国饮食以清淡、凉辣为主,追求原生态、简约之美,其食品外观设计专利也体现了这一特点。同时,也能看出韩食一定程度上受到中国和西方食品的设计影响。
美国	美国饮食文化不讲究精细,追求快捷方便,也不奢华,比较大众化,一日三餐都比较随便,而最大的特色更在于"粗犷实在"。美国是一个多民族的移民国家,融合了来自世界各地不同种族、不同民族的文化,自然也使美国的食物融入了各种饮食文化、特色。美国人自己在后来创造的饮食风格,主要特征就是油多、奶酪多且烹饪方式几乎都是油炸。	美国饮食体现了"粗犷实在"的特点,无过多的加工点缀,其食品外观设计专利主要依据食材本身形状,无过多修饰,简单自然。

3.2 食品产业产品设计要素分析

随着时代的发展，人们对食品的品质要求越来越高，仅提供基本的营养要求已不能满足现代人，而是不同的消费群体，在物质和精神两方面都有不同的消费需求，呈现多样性和多变性。色香味俱全是评价美食的要素，感官上的感受有利于增进食欲，同时不同地域的饮食文化和地方特色食品引发不同消费者产生特定情感。除了香和味，其他因素的满足都离不开食品的外观设计。

3.2.1 食品形状

食品的形状主要影响人的视觉和触觉，当我们对某一食物进行感官品评的时候，最直观的印象便是来自食品的外观、形状，同时，食物的外观和气味会增加胃酸的分泌，这会有效地激发消费者的食欲，大大地刺激购买欲望。

食品的形状可以影响食品的口感、方便性、趣味性，它的不同状态、形状大小、形状主题或风格均会直接影响人的感官感受。食品可以是固体、液体、半固体，有稳定的形状，也有不稳定的形状，具体受到食材和制作方法的约束。具有稳定状态的食品更容易制作出丰富的造型，如卡通形状、仿生形状、节日主题的形状等，有趣味的形状还能间接影响产品的口感。注重产品的形状，会极大地增加产品在市场中的竞争力。

3.2.2 食品图案

食品图案也是体现食品味觉、刺激消费者购买行为的一种主要手法。随着食品加工工艺的迅速发展，各种各样的图案加工手法被用于食品制作，食品图案更加精美精细。食品图案多以平面为主，立体为辅，食品原料为图案的基本元素，无论是整体摆放、打散排列，还是空间混合，均能组成丰富多彩的美食图案纹样。

食品图案的设计与平面设计产品给人带来的视觉感受有异曲同工之妙，如对称是图案形式美的核心，也是图案中求得稳定的一种结构形式，可达到庄重、平稳、宁静的效果，中国的传统图案不乏对称的形式，象征着吉祥如意、圆圆满满的美好寓意；再如反复的形式，有规律地重复排列，显得设计层次丰富、变化而又统一，有较强的节奏感和韵律感。食品外观设计与图案的结合，能给人带来不一样的视觉感受，为食品增加更多的美感，愉悦人的心情，刺激食欲。

3.2.3 食品色彩

食品的色彩是人们对食品的"第一印象"，即视觉印象，是人们评价和选购食品的重要因素。

不同的食物颜色会引起不同的心理变化。食品的色彩能直接影响人的感官感受，影响人的用餐情绪，对人的食欲有着至关重要的影响。一般来说，红色食品会激发食欲，能给人充满活力的感觉；黄色也是刺激食欲的颜色，常常与快乐联系在一起，是很多餐馆设计常用的色调，能营造出温馨的氛围，让人感觉饥饿；蓝色则是最让人没有食欲的颜色，其次是黑色、紫色，习惯性地认为这些食物会变质或有害人体健康；绿色的食物很容易被等同为健康食品，因为"安全"食品通常是绿色的。

食品的色彩是反映食品外观和内在质量的一个重要标志。食品的色彩可以直观鉴定食品的新鲜度、成熟度、加工精度、品质特征等。当人们的饮食习惯发生变化，对食品的色彩判断和选择也会随之变化。

另外，食品色彩还有作为获取关注和辨别品牌的交流工具的潜力，这同时也增加了产品的独特性和在消费者脑中的形象。

3.2.4 食品的文化特色

食品的文化特色的体现，其实就是食品产品外观设计形状、图案、色彩三要素的综合呈现。饮食文化往往直接影响到当地的食品原材料、食品烹饪方法等各个方面，因此食品产品的设计一般富有地方特色、传统特色、民族特色等。在全球化的今天，各个国家民族交流越发频繁，各地饮食文化各种碰撞融合，又会激发出新的特色。此外，不同年龄层、不同群体的消费者对食品的需求也各不相同，除满足温饱以外，还越来越求新求变，追求与众不同、富有个性。若产品的外观设计背后传达的人文特征及情怀能引起消费者的共鸣，也有助于推动消费。

总之，这些要素和特色是食品区别于其他产品的地方，只有当食品处于正常的形状、图案和色彩范围内才能使人产生正常的感觉，从而刺激食欲，增加食品的实用性。三要素或两要素的结合（除图案与色彩的结合）可调节消费者的饮食观念，从而影响心理感受，加入文化内涵还能引起消费者的共鸣。这也进一步地说明，设计不仅要具有实用性，而且要追求审美和精神层面的需求，促使产品从实用向人性化方面迈进。

第 4 章　总结与建议

通过对食品外观设计专利的分析可以看出，全国的食品外观设计的保护来之不易。食品外观设计专利申请呈现稳步增长的趋势，新设计不断涌现，申请领域主要集中于01-01类的"烘制食品、饼干、点心、意大利面制品及其他谷类食品，巧克力，糖果类，冰冻食品"，其他领域因受制于食材的状态、制作方法等，设计空间相对较小。广东的食品外观设计专利申请量虽然在全国领先，但主要申请人的申请量偏少，龙头企业的优势不明显。结合以上对食品外观设计专利申请现状、国内外现有设计特点以及食品的设计要素分析，对广东食品产业的发展提出以下几点建议：

一是加强政策引导，培育食品行业的龙头企业。引导各市提高产业集中度和资源配置效率，加大对本地区食品重点企业的培育和扶持力度，巩固壮大广式腊味、广式月饼、饮料等优势传统领域的龙头和骨干企业，围绕岭南特色食品产业链关键环节和企业，加强产业链稳链强链补链控链延链，编制产业图谱，强化对岭南特色食品的统筹管理。

二是鼓励食品创意设计，发扬中国饮食文化的软实力。中国饮食文化历史悠久，烹饪技术精湛，讲究菜肴色香味俱全，把美放在第一位。随着全球化的影响，中国饮食文化受到一定的冲击，在继承传统饮食的基础上应更加注重发扬，鼓励食品创新创意设计，并相应地给予中国特色创意食品设计的知识产权保护。做好《工业品外观设计国际保存海牙协定》的普及和宣传，积极融入外观设计全球化体系，在鼓励创意设计的同时，也鼓励好的中国创意、中国设计、中国制造走向世界。

三是提高食品外观设计专利布局意识，提升专利申请文件的撰写质量。食品外观设计的保护除了对本文讨论的食品本身的保护，还包括对食品包装、标贴、制作模具等周边产品的保护，专利布局应根据食品产品自身特点，综合考虑各相关产品，制定相对全面的专利布局方案。同时，专利布局还体现在撰写专利申请文本的重要环节上，注重视图制作表达清晰，合理使用与相似设计合案申请保护相同的设计构思，避免出现重复授权。